高等职业教育新形态系列教材

逆向工程及3D打印技术

主　编　王　涛　张良贵

副主编　王姗姗　胡丽华

参　编　李中喜

主　审　郭山国

U0234144

北京理工大学出版社

BEIJING INSTITUTE OF TECHNOLOGY PRESS

内容简介

本书紧扣学生和企业人员的实际需求，以任务驱动为教学理念，以典型案例为教学项目，以理实一体为教学方法，由浅入深，系统讲授逆向工程及3D打印技术的基础理论知识和实际操作技巧。全书共分为8个项目、23个任务。既可独立使用有关任务，讲解某类设备或操作技能，亦可系统学习，全面掌握该项技术。教学内容既有企业实际案件，又有各类大赛题解，多层面满足教材使用者的实际需求。

本书注重立体化教材建设，配套资源中除多媒体课件外，所有实操项目均由编写组实际演示并制作了视频。视频中就具体步骤和技巧进行了系统讲授，学习者可通过二维码进行移动终端学习。通过立体化教学，读者可在较短的时间内，获取逆向工程与快速成型技术的基本知识及实际操作能力。

本教材适用于高等职业院校、应用型本科院校教学需求，还可用于各类企业培训、技能大赛备赛等场合。

版权专有 侵权必究

图书在版编目(CIP)数据

逆向工程及3D打印技术 / 王涛，张良贵主编. -- 北京：北京理工大学出版社，2022.11(2022.12重印)

ISBN 978 - 7 -5763 - 1803 -6

Ⅰ. ①逆… Ⅱ. ①王… ②张… Ⅲ. ①工业产品 - 设计②快速成型技术 Ⅳ. ①TB472②TB4

中国版本图书馆 CIP 数据核字(2022)第 206426 号

出版发行 / 北京理工大学出版社有限责任公司

社　　址 / 北京市海淀区中关村南大街 5 号

邮　　编 / 100081

电　　话 / (010)68914775(总编室)
　　　　　(010)82562903(教材售后服务热线)
　　　　　(010)68944723(其他图书服务热线)

网　　址 / http://www.bitpress.com.cn

经　　销 / 全国各地新华书店

印　　刷 / 唐山富达印务有限公司

开　　本 / 787 毫米 ×1092 毫米　1/16

印　　张 / 16.5

字　　数 / 394 千字

版　　次 / 2022 年 11 月第 1 版　2022 年 12 月第 2 次印刷

定　　价 / 49.00 元

责任编辑 / 封　雪

文案编辑 / 封　雪

责任校对 / 周瑞红

责任印制 / 李志强

图书出现印装质量问题，请拨打售后服务热线，本社负责调换

前　言

快速开发是现代产品设计和制作的要求，逆向工程和 3D 打印技术是实现快速开发的重要手段。伴随逆向工程和 3D 打印技术的发展，越来越多的工业领域认识到它的重要性，并开始使用该技术。目前，该技术广泛应用于汽车制造、航空航天、五金家电、生物医学、建筑建材、艺术设计等领域。随着产业对该技术需求的增大，各院校相继开设了有关课程，各类企业人员也迫切需要学习有关专业知识和实际操作技巧。

本书紧扣学生和企业人员的实际需求，以任务驱动为教学理念，以典型案例为教学项目，以理实一体为教学方法，由浅入深，系统讲授逆向工程及 3D 打印技术的基础理论知识和实际操作技巧。既可独立使用有关任务，用于学习某类设备或操作技能，亦可系统学习，全面掌握该项技术。教学内容既有企业实际案件，又有各类大赛题解，多层面满足教材使用者的实际需求。

本书注重立体化教材建设，配套资源中除多媒体课件外，所有实操项目均由编写组实际演示并制作了视频。视频中就具体步骤和技巧进行了系统讲授，学习者可通过二维码进行移动终端学习。通过立体化教学，读者可在较短的时间内，获取逆向工程与快速成型技术的基本知识及实际操作能力。

本教材适用于高等职业院校、应用技术型本科院校教学需求，还可用于各类企业培训、技能大赛备赛等场合。

全书共分为 8 个项目、23 个任务。河北机电职业技术学院王涛编写了项目四、项目五，张良贵编写了项目六、项目七、项目八，胡丽华编写了项目一、项目二、项目三。长春职业技术学院王姗姗、辽源职业技术学院李中喜参与了前期调研、图形绘制、相关资料整理和数字化资源建设。全书由王涛、张良贵统稿、定稿。

本书由河北机电职业技术学院郭山国担任主审。杭州中测科技有限公司杨世涛等工程技术人员对本书技术问题给予了帮助。

由于编者水平所限，书中难免有疏漏之处，恳请广大读者批评指正。

编　者

目　　录

第一篇　逆向工程技术

第二篇　3D 打印技术

第三篇　大赛题解

第一篇

逆向工程技术

逆向工程及应用认知

任务一　认识逆向工程

认识逆向工程

任务引入

在实际生产中，有时会要求工程师将具有一定形状特征的实物转换为计算机软件中的三维数据，如图1-1所示。如何快速且精准地完成测量与建模任务呢？

图1-1　六面体实物模型和数字模型

任务分析

常规情况下，由于没有二维图纸，工程师需用量具测量实物尺寸，再到软件中建立三维模型。这种测量方法往往精度较低且速度较慢。本任务将介绍逆向工程技术，此技术可以快速且准确地获取图1-1所示六面体数据，并在软件中获取三维模型。

学习目标

知识目标：

1. 掌握逆向工程技术的定义；
2. 掌握逆向工程技术的工作流程；
3. 了解逆向工程中的软硬件条件。

技能目标：

1. 具备分析逆向工程工作流程的能力；
2. 具备查阅资料的能力。

素养目标：

1. 培养学生逆向思维的能力；
2. 培养学生善于观察身边实物的能力。

知识链接

1. 逆向工程技术的定义

逆向工程技术是一种基于逆向推理的设计，用一定的数据测量手段对实物或模型进行测量，根据测量数据通过逆向建模技术重构实物的 CAD 模型，通过对现有样件进行产品开发，按预想的效果进行改进，并最终超越现有产品或系统的设计，从而实现产品创新设计与制造的过程。

2. 逆向工程技术的工作流程

逆向工程的一般流程可以分为产品的数据采集、数据处理、模型重构和模型制造几个阶段。

3. 逆向工程技术的软硬件

逆向工程技术用到的软件主要有 Imageware、Geomagic Wrap、CopyCAD 以及 Geomagic Design X。

逆向工程技术用到的硬件设备主要有三坐标测量机、光栅式三维扫描仪、激光三维扫描仪以及断层扫描仪等。

任务实施

在没有图纸的情况下，为了六面体的数字模型，直接通过测绘得到的数据有所偏差，可以通过逆向工程技术快速获得产品的数据，并重构出模型。

一、逆向工程的定义和工作流程

1. 逆向工程的定义

随着社会的进步以及科技的快速发展，市场上许多产品的外表也越来越美观，这是因为消费者对于产品的需求已经不仅仅停留在使用功能上，在满足自身使用需求的同时，还要求产品具有个性的外观。对产品外观的塑造也逐渐成为增加销量的主要因素，然而传统的正向设计模式，很难满足消费者在产品外型上的要求。于是逆向工程作为一种与传统设计理念相反的设计方法被提出。

逆向工程技术的思想，最初来源于从油泥模型到产品实物的设计过程。在 20 世纪 90 年代初，逆向工程技术开始引起各国工业界和学术界的高度重视。从此，有关逆向工程技术的研究和应用受到政府、企业和研究者的关注。特别是随着现代计算机技术及测试技术的发展，逆向工程技术已成为 CAD/CAM 领域的一个研究热点，并发展成为一个相对独立的技术领域。

逆向工程的目的是在生产设计上，通过将产品实物、模型数字化，再进行模型还原，明确功能特性、技术规格、工艺流程等技术特点，从而进行创新和深化，实现产品的功能、外观等设计要素的重新设计。

2. 逆向工程的工作流程

逆向工程的最终目的就是要获得所需外形的三维造型，实现过程包括外形的数据获取、数据处理、模型重构及最后的曲面评价。本书主要介绍利用三维扫描仪对产品进行表面数字化、用 Geomagic Wrap 对点云数据进行处理以及用 Geomagic Design X 软件对该产品进行逆向建模的过程，主要包括数据采集、数据处理和模型重构等三大关键技术。数字化是按照已有实物模型或样件，应用测量技术创建新的 CAD 模型；模型重构是由扫描得到的点云数据，通过曲面拟合构造出产品的 CAD 模型。逆向工程的一般流程可以分

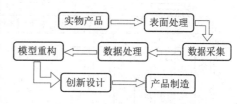

图 1-2 逆向工程技术的工作流程

为产品的数据采集、数据处理、模型重构和模型制造几个阶段。逆向工程技术的基本工作流程如图 1-2 所示。

相比传统的正向设计技术，基于逆向工程的产品设计通过测量设备检测实际物体采集点云数据，再利用专业的软件重新构造实际物体的点线面信息，进而得到实际物体的三维造型。这样，操作人员就可以通过 CAD 软件对其进行修改和设计，达到快速设计的目的，这样，使设计者有充分的时间对产品进行完善。最后通过 3D 打印或机床等加工设备，将重新设计的产品生产得到完全符合要求的零件。

图 1-3 所示为六面体逆向建模过程，以逆向建模过程为例了解逆向工程技术中的关键技术。

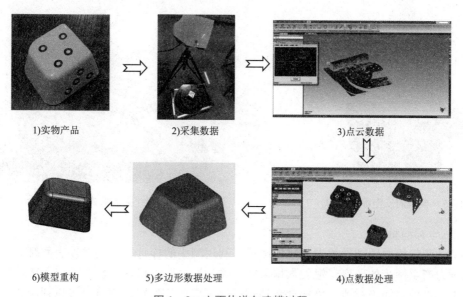

图 1-3 六面体逆向建模过程

二、六面体数字模型的获取方法

逆向工程实施的硬件主要是数据采集设备，不同的测量设备决定了扫描的精度和速度。目前常用的测量设备有三坐标测量机、单目固定式扫描仪、双目固定式扫描仪、激光扫描仪等。不同的设备之间测量方式也不尽相同，所以在应用时应该根据被测物体的特点及测量精度要求选择不同的扫描设备。

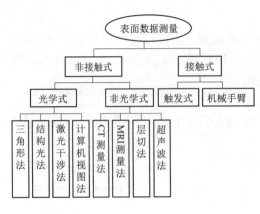

图1-4 物体表面数据测量方法的分类

目前数据测量的方法有很多，根据原理、扫描物体材质的不同可以分为接触式测量方法和非接触式测量方法。

非接触式测量方法的测量效率比前者高，但得到的数据有些庞大，这又会增加预处理和曲面重构的难度。它基于光学、声学、磁学等领域中的原理，将测量得到的物理模拟量运用适当的算法转化为物体表面的坐标点。因此在实际测量时，应根据测量对象的特点及设计要求从测量的范围、达到的精度和采集效率的不同方面考虑，选择合适的测量设备。图1-4所示为物体表面数据测量方法的分类。

1. 接触式测量设备

接触式测量是在机械手臂的末端安装探头，利用传感器记录下扫描探头与被测物体触碰时产生的数值信号，这样记录下的数值就是获取的三维数据信息。包括触发式数据测量、连续式数据测量和磁场法测量三种方法。测量时使用的仪器包括典型的三坐标测量机（CMM）（图1-5）、关节臂式测量机（图1-6）等。

图1-5 典型的三坐标测量机

图1-6 关节臂式测量机

1）三坐标测量机

三坐标测量机的原理是触发式数据测量，利用测头的探针接触到样件表面时，探针尖端因受到压力产生微小的形变，触发数据采样开关，这时测量机内的数据采集系统就会自动记下探针中心点的空间坐标值，将探针移动到所要采集点的位置，便可以采集到所需要的实物表面空间的坐标数据。需要注意的是，探针接触到实体表面时，只有探针达到某个偏移量才会触发采样开关。一次测量完成后，探针需要沿着表面的法线方向退出，以免接触过量而导致探针折断，所以接触式数据采集的速度较慢，但是采样精度较高。

利用此方法可以对物体划分好的区域进行逐一测量，得到的数据不但精度高，而且数量不会太庞大，但测量效率低。

2）连续式数据测量设备

在连续式测量设备中，探针沿着被测物体的表面进行切向移动时，对应的各个位置的坐标就会发生变化，坐标的变化引起电压的改变，这个模拟电压变化就会被转化成数据信号，输送到处理器中进行处理，并记录下坐标。由于这种采集数据的过程是连续的，测量速度较快，测量精度也比触发式测量高，对于规模较大的数据采集非常适用。

2. 非接触式测量设备

非接触式测量设备的数据采集方法主要运用光学原理进行数据采样，它有激光三角法、激光测距法（Laser Triangulation Methods）、结构光法（StructuredMethods）以及图像分析法（Image Analysis Methods），典型的设备代表有光栅式三维扫描仪、激光扫描仪、断层扫描仪等。图 1-7 所示为几个典型的扫描仪。

图 1-7　典型扫描仪

此外还包括 CT、核磁共振法、超声波法、激光干涉法等一系列测量方法，这里就不一一介绍了。由于非接触式测量与被测物体之间没有接触，因此可以测量表面较软的物体，而且测量速度快，可以测量一些机械测头达不到的区域。

3. 各种数据测量方法的比较（表 1-1）

表 1-1　常用数据测量方法比较

测量方法	精度	测量速度	材料限制	设备成本	可否测内轮廓	形状限制
三坐标法	$0.6\sim30\ \mu m$	慢	部分有	高	否	有
投影光栅法	$\pm3\ \mu m$	较快	无	低	否	无
激光三角法	$\pm5\ \mu m$	较快	无	一般	否	无
工业 CT 测量法	$1\ mm$	较慢	无	高	是	无

从表 1-1 中可以看出，各种数据扫描方法都有一定的局限性。对于逆向工程而言，数据扫描的方式应满足以下要求：

（1）扫描精度以满足实际需要为主。

（2）扫描速度快，尽量减少测量在整个逆向过程中所占用的时间。

（3）数据扫描要完整，以减少数据重构时由于数据缺失带来的误差。

（4）数据扫描过程中不能破坏原型。

（5）尽可能降低数据扫描成本。

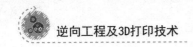

三、逆向工程技术的数据处理和模型重构

常用的逆向建模软件有以下几种：

1）Imageware

德国 Siemens 集团的 Imageware 软件是逆向领域最为著名的逆向工程设计软件，该软件被广泛应用于涉及设计与制造领域的各个行业，软件应用口碑良好，在许多国家拥有众多客户群，包括很多著名的飞机和汽车制造公司都在使用该设计软件。Imageware 软件采取传统曲面造型方式，逆向流程遵循点—曲线—曲面创建模式，也可以直接由点云数据拟合成曲面。在构建曲面的过程中，有多种工具可以实现我们的要求，构建出高质量的曲面。

2）Geomagic Wrap（原 Geomagic Studio）

Geomagic Wrap 是由美国 Raindrop（雨滴）公司出品的逆向工程软件，是用于逆向工程和三维检测的专业软件，采取快速曲面造型方式，遵循点—多边形—曲面的操作流程，可以从处理点云阶段进入多边形处理阶段，快速地形成多边形网格，还可以通过一些处理工具得到四边形网格，并自动拟合为 NURBS 曲面，这样重构模型的效率比较高。该软件也是目前应用最为广泛的逆向工程软件之一。

3）CopyCAD

CopyCAD 是由英国 DELCAM 公司开发出的逆向工程系统软件，其有强大的在已有的零件或实体模型中产生三维 CAD 模型的功能。CopyCAD Pro 是四大逆向软件中唯一一个可以将三角形过渡到曲面再过渡到实体的软件，它集正向/逆向混合设计于一体。

4）Geomagic Design X

Geomagic Design X 拥有强大的点云处理能力和正逆向建模能力，可以与其他三维软件无缝衔接，适合工业零部件的逆向建模工作。

✅ 任务评价

评价项目	分　值	得　分
理解逆向工程的定义	20 分	
掌握逆向工程的工作流程	40 分	
掌握逆向工程技术的软硬件条件	40 分	

✅ 课后思考

1. 什么是逆向工程技术？
2. 常用的逆向工程软件有哪些？
3. 逆向工程技术中，数据采集设备有哪些？

✅ 拓展任务

上网查阅资料，以某一产品为例，阐述逆向工程的工作流程。

任务二　了解逆向工程的应用

 任务引入

了解逆向工程的应用

假设您已经成为逆向工程人员，现在要去给客户推广这项技术，那么您应该面向哪些领域的客户呢？

任务分析

本节任务通过观察身边的事物并查阅相关文献记载，归类总结出逆向工程技术应用的几大应用领域，并针对在应用逆向工程技术过程中遇到的瓶颈进行提炼，分析出发展趋势。

学习目标

知识目标：

1. 掌握逆向工程技术的应用领域；
2. 了解逆向工程技术的意义；
3. 了解逆向工程技术的发展趋势。

技能目标：

1. 具备分析如何实现逆向工程技术的能力；
2. 具备归纳总结的能力。

素养目标：

1. 培养学生研究问题的能力；
2. 培养学生用发展的眼光看问题的能力。

知识链接

逆向工程技术主要的应用领域，主要涉及新产品开发领域、仿制与改型领域、航空航天领域、医学领域、文物修复领域等方面，逆向工程技术的意义在于可以提升设计自由度、缩短设计周期、降低设计成本、消化吸收和创新国外先进技术，以缩短与先进发达国家的差距，未来的发展趋势主要集中在智能化、高精度化、集成化等方面。

任务实施

作为一个逆向工程技术从业者，我们不仅要了解如何使用逆向工程技术，还要了解逆向工程技术应用的领域以及未来的发展趋势，从而在今后从事的岗位上能够做出一番成绩。

一、逆向工程技术的应用

1. 新产品的开发

随着市场竞争的日益激烈，造型多变美观、功能多样化、个性化的产品越来越受欢迎，所以我们将工业美学设计和工业产品创新设计相结合。我们使用油泥木模或泡沫塑料做成产品的比例模型，然后通过逆向工程技术的优势，可以加快实现产品创新过程，实现个人需求的专属定制（见图1-8）。这不仅充分利用 CAD 技术的优势，还大大加快了创新设计的实现过程。这在家用电器、交通工具、玩具制造行业都得到不同程度的应用。

2. 产品的仿制和改型设计

对于某一款热销的产品，当只有产品却没有相关图纸和三维 CAD 模型时，我们想得到这款产品的设计方案和模型，并在此基础上进行改良，这时就可以利用逆向工程技术，重建与实物相符的 CAD 模型。在数字化模型的基础上还可以进行误差分析和零件分析设计等，最终完成产品的仿制和改进。在电子、玩具等行业中，产品的外形修复和改良设计都有了成熟的广泛应用，有效地提高了产品的市场竞争能力。例如玩具汽车的仿制和改型，如图1-9所示。

图1-8　新产品开发　　　　　　　　图1-9　汽车的仿制和改型

3. 快速原型制造（RPM）

RPM 也叫 3D 打印技术，将多种学科的技术服务于快速原型制造，已经成为新产品研发设计和生产的快速有效手段。这个技术是以模型重构的 CAD 模型为基础，经过不同材料方式的累积形成产品实体。综合了机械、CAD、数控、激光以及材料科学等技术，将逆向工程技术和快速原型制造相结合，形成了对产品测量、建模、修改、再测量的封闭环形系统，这样可以实现设计过程的快速反复迭代。

4. 文物保护应用领域

目前，国内已经研制出三维真彩纹理贴图和彩色纹理自动拼接等适用于文物扫描的逆向技术，可以对历史文物进行三维测量、逆向建模，方便快捷地获取文物的三维曲面数据，在计算机中将文物原貌重现，非常方便地满足文物的数字化归档整理。主要应用表现在：

（1）考古现场三维扫描。对考古现场进行三维扫描，除了得到三维立体的现场数字文档，还可为文物保护、文物遗址的恢复建立起逼真的三维数字化模型，可以精准记录考古现场现状，为日后研究提供全面的数字化三维数据。

（2）文物修复与复制。三维扫描系统扫描的文物，经过工作人员的逆向建模与数据修复，可最大限度还原文物的本来面目，可以通过逆向设计及正向设计软件对已部分破损的文物进行复原和修补，避免传统修复过程中对文物的次生损害。通过三维数据进行文物复制比传统石膏翻模要精确和便捷很多。文物修复如图1-10所示。

（3）进行物品的防伪鉴别。扫描真品可获得真品的三维模型，如想鉴别物品的真伪，可把被鉴别的物品逆向扫描成三维模型，然后将真品的三维模型通过精度检测软件进行对比，即可鉴别物品的真伪。

（4）虚拟文物的三维展示。三维扫描的文物，通过真彩色纹理重构技术，使得文物能够在计算机或者触摸屏上展示出来，为游客还原出一个栩栩如生的三维文物甚至三维博物馆场景。可以对三维模型分门别类储存归纳，形成一个三维模型库，需要查阅某文物时，可迅速从三维模型数字库系统中查阅到。

（5）文物仿品制作。三维扫描得到三维文物数据后，可进行等比放大或缩小，甚至是重新创新设计，完成数据衍生品的设计与制造，作为纪念品售卖，既提升了三维文物数据的商业价值，又增进了公民对文化的认同感。

图 1-10 文物修复

5. 航空航天、汽车领域

对于国外进口飞机精密配件，利用人工的手段并不能准确测量出其尺寸，即使测量出来，配件的误差也不能满足要求，使用逆向技术将有望借此掌握多项关键技术，并将它们用于自己的航空航天行业。利用三维扫描仪对工件进行扫描，将数据进行处理后，获取里面的必要资料，也可以进行创新设计，借此开发出更先进的设备（见图 1-11）。在军事上也可以借此研究对方核心技术、研究其对应的反制手段，从而提升国家的军事实力。

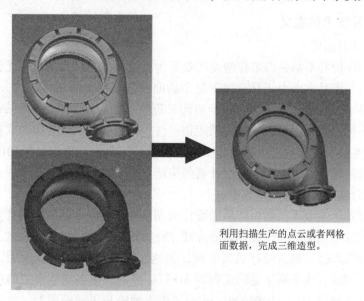

利用扫描生产的点云或者网格面数据，完成三维造型。

图 1-11 机械零件的逆向建模重构

6. 医学领域

在医学研究以及生物工程等方面，相比工程领域，可以利用医学中的特有扫描技术，如X射线、核磁共振等专业设备，在扫描采集到人体的器官（如心脏搭桥）、个别部位的骨骼或者关节（如髋关节）以及患病牙齿对侧的好牙齿等组织的数据后，可采用逆向工程设计技术，重新构建三维数字化CAD模型，制造出具有针对性的假肢、人造关节以及假牙和骨骼等，快速符合患者需求。由于数据完全采集于患者本身，所以可在很大程度上保证人工器官植入患者身体后尺寸更加匹配。颅骨的扫描数据如图1-12所示。

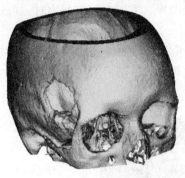

图1-12　颅骨的扫描数据

一种全自动耳样扫描仪可以准确、全面、快速地采集耳印模三维数据，结合专业的逆向建模软件系统和3D打印机，可以将耳印模打印出来，可应用于个性化助听器、耳机等的制作行业，彻底改变了传统定制耳机或助听器的业务流程，极大地缩短了设计周期。

7. 其他领域

逆向工程技术还可用于人体数字化、特种服装设计、人体数字雕塑、头盔定制、三维面容识别等，也可用在三维动漫制作、影视道具制作以及大型的三维游戏制作中，用来快捷地对不同场景下的三维模型构建。在影视动画的角色创建过程中，三维扫描技术主要表现在数字提升和精细模型创建两方面。通过三维扫描仪对地形、地貌、建筑等场景的复制和创建，为影视动画场景的拍摄和搭建节省了资金，提高了效率。对于真实历史形态的道具制作，通过三维扫描结合三维打印等技术实现其原型还原，例如对兵器、装饰品、室内摆件等进行扫描和还原制作，从而获得与原型一模一样的逼真道具。

二、逆向工程技术的意义及发展趋势

1. 逆向工程技术的意义

1）提升设计自由度

产品设计的评价并不总是以最佳的使用效果为衡量标准，因为常常最优设计并非切实可行。主要原因就是产品表面由于具有过于复杂的曲面造型而无法用传统的方式建立CAD模型，设计师不得不放弃最佳方案。而随着逆向工程技术的应用，产品的复杂程度和CAD模型的创建难度不再相关，都可以通过先做实物样件，结合接触式或非接触式扫描的方式来获取CAD模型。逆向工程技术在产品设计中可以使设计人员专注于产品的功能设计，而不用担心模型建立的问题，大大减少了对设计者的束缚。

2）缩短设计周期，降低设计成本

在经济高度发达的今天，缩短产品的设计周期是企业增强产品的市场竞争力的一个极其重要的方法。在这个周期中，以往都需要先建立计算机的三维模型，而逆向工程技术可以通过扫描模型样件或产品实物并经过适当处理，快速、方便地建立CAD模型，从而节约了大量的建模时间。同时，由于基于逆向工程的3D打印技术，很多细致模型的细节之处或样件的局部修改都可以利用3D打印来完成，从而又极大地缩短了建模周期，企业设计成本也大幅降低。

3）消化、吸收和创新国外先进技术

国内外的先进技术往往涉及商业秘密，像传统正向设计那样，先要有产品的图样、获得技术文档、安排工艺等技术资料几乎不可能，而产品实物的获得就相对容易很多，成为最重要的"研究"对象。逆向工程技术提出之初的研究和应用的重点大多放在外形上。随着市场全球化的发展，如何更快更好地发展科技和经济，充分利用先进国家的科技成果加以消化吸收和创新，进而发展自己的技术已经成为各行各业的头等大事。

2. 发展趋势

在未来的模型重建方法与检测技术研究中，以下发展趋势值得关注：

1）高精度化、自动化（计算机数据化）、非接触测量、使用现场化

如何高效、准确地实现实物表面数据采集直接关系到模型重建的准确性，三坐标测量正在逐渐成为制造系统的重要组成单元，从而在计算机控制下参与到各种测量、计算、数据交换等各个生产制造环节。目前基于 CAD 模型的实物测量技术成为研究重点，这种在有 CAD 模型指导的情况下进行测量的技术，消除了测量中由于人为因素而造成的误差，也提高了效率。相信以三维 CAD 环境为中心，根据几何外形和后续应用选择测量方式及路径、进行路径规划和自动测量将成为今后的研究方向。

2）大规模散乱数据处理过程的高精确性和智能化

这是数据预处理技术发展的主要方向，特别是特征提取技术的应用。根据规则设定参数，通过程序控制，自动根据曲率进行特征识别，从散乱点云中提取出关键的点数据，通过对关键点的处理完成模型重构，将大大提高数据处理效率。随着非接触式光学扫描技术的广泛应用，测量所得的数据量将越来越大，高效的数据处理算法就显得尤为重要。同时数据预处理方法的选择应该取决于测量数据的后续应用。

3）原型的色彩和材质信息的处理与识别

在产品的几何数据反求方面，国内外都做了大量卓有成效的研究工作，取得了大量实用性很强的研究成果，这些成果较好地支持了产品的力学几何设计、模具的制造等方面的工作，但对工业设计过程中色彩的运用、材质的选取以及设计图、造型规律的识别则帮助甚少。在原型色彩的识别过程中，色彩模型中单个像素的色彩识别比较容易进行，但由于原型上各点的色彩受拍照时各点所处位置的光线强度影响较大，如何处理光强对色彩识别准确度的影响，目前还是一个难题。此外，如何将色彩识别结果与实际可行的涂料的调配过程结合起来则是色彩识别过程中的另一个难点。与色彩识别过程相比，材质的识别不但涉及像素色彩的识别，还涉及材料表面纹理的识别与处理，在实际使用中必须结合对原型的色彩和表面纹理的识别来最终确定原型所用的材料。而表面纹理识别技术的实现又依赖于图像特征参数的处理与提取。

4）产品设计意图、造型规律的分析与提取

与色彩和材质相比，工业设计过程中的设计意图与造型规律则是在更高层面反映了设计师的设计理念。设计意图与造型规律主要表现为全局性和整体性，这就要求在对它们的分析过程中，所采用的方法要能从原型结构比例、表面曲率分布以及与各类模板对比等宏观、微观多个角度出发来进行分析。这项技术的研究将有助于系列化产品的研究与开发。

5）曲面重构智能化

如何根据散乱数据自动重建与被测对象拓扑结构一致的曲面，自动补偿残缺数据，恢复完整真实曲面，保证曲面重建时既能准确反映原始曲面的信息又能提高效率体现的就是智能

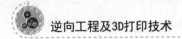

化曲面重构。测量数据中包含的几何特征的智能识别和智能提取，特别是多个子曲面拼合时整体特征的识别更为重要。

6）集成技术的研究

发展基于集成的逆向工程技术，包括测量技术、基于特征和集成的模型重建技术、基于网络的协同设计和数字化制造技术等，在现有网络宽带下，实现上百万测量点的快速重建和传输曲面模型。

任务评价

评价项目	分　值	得　分
找出几个身边典型的逆向工程应用的案例	40分	
查阅相关资料获取汽车仪表盘是如何使用逆向工程技术来进行产品设计的	40分	
简述逆向工程技术的意义	20分	

课后思考

1. 简述逆向工程的应用领域。
2. 逆向工程技术的意义有哪些？

拓展任务

上网搜索逆向工程应用的例子。

逆向数据采集设备及操作

任务一　单目固定式扫描仪及操作——以六面体逆向数据采集为例

 **任务引入**

六面体逆向
数据采集

　　假如您拿到如图 2-1 所示的六面体，客户想要得到六面体的点云数据，而您手头只有如图 2-2 所示的单目固定式扫描仪，如何才能更好地获取数据呢？

图 2-1　六面体

图 2-2　Win3DD-M 光学三维扫描仪

 任务分析

　　通过观察，六面体结构简单，精度要求不高，利用 Win3DD-M 光学三维扫描仪完全可以实现数据的采集。Win3DD-M 光学三维扫描仪是北京三维天下研发的单目固定式非接触式扫描仪，通过测量六面体点云数据介绍 Win3DD-M 光学三维扫描仪的测量原理、技术参数和特点，讲解用 Win3DD-M 三维扫描仪获得的方法。本次任务分 4 个不同视角获取六面体的点云数据。

学习目标

知识目标：

1. 掌握单目固定式扫描仪的测量原理；

2. 了解单目固定式扫描仪的结构和技术参数；
3. 掌握单目式固定扫描仪的扫描策略。

技能目标：

1. 能够正确使用显像剂和粘贴标志点；
2. 具备使用单目固定式扫描仪采集数据的能力。

素养目标：

1. 培养学生的动手能力；
2. 培养学生规范操作设备的能力；
3. 培养学生团结协作的能力。

知识链接

1. Win3DD－M 光学三维扫描仪

Win3DD－M 光学三维扫描仪的硬件系统由扫描头、云台和三脚架组成，软件系统是自主研发的 Wrap_ Win3D 三维数据采集系统，具有独有的图像数据技术，严格的精度检测标准，适用范围广，可自动识别标志点，数据兼容性强。

2. 非接触式光学扫描前处理

1）喷显像剂

在进行非接触式光学扫描之前，首先要做好被测物体的前处理，为了达到更好的扫描效果，任何发亮的、黑色的、透明的或者反光的物体表面都应该喷上白色显像剂。

2）标志点

在用三维扫描仪扫描前，除了表面要进行喷白处理以外，如果被测物体表面没有具体的特征，为了方便后续进行数据拼接，需要在表面贴标志点，标志点是作为拼接数据的依据。标记点也分尺寸，有大有小，要根据被测物体的大小来选择合适的标志点尺寸。

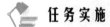

任务实施

一、北京三维天下 Win3DD－M 三维扫描仪简介

Win3DD－M 三维扫描仪是北京三维天下生产的非接触式光学扫描仪，在延续经典的单目系列技术优势的基础上，对外观设计、结构设计、软件功能和附件配置进行大幅提升，除具有高精度的特点之外，还具有易学、易用、便携、安全、可靠等特点，外观设计除体现科技感的时尚外，更要增强产品的稳定性与高效性等。

1. 测量原理

Win3DD－M 单目光学扫描仪采用相位法进行数据采集。相位法也叫相移法。光栅投影相移法是基于光学三角原理的相位测量法，将正弦的周期性光栅图样投影到被测物表面，形成光栅图像，由于被测物体高度分布不同，规则光栅线发生畸变，其可看作相位受到物面高度的调制而使光栅发生变形，通过解调受到包含物面高度信息的相位变化，最后根据光学三角原理确定出相位与物面高度的关系。图 2－3 所示为光栅扫描系统光路图。

2. Win3DD－M 光学三维扫描仪结构

Win3DD－M 光学三维扫描仪的硬件系统由扫描头、云台和三脚架组成，如图 2－4 所

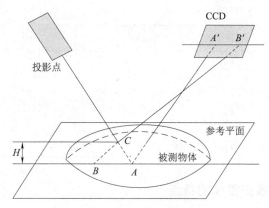

图 2 – 3　光栅扫描系统光路图

示。扫描头是一个白光投影系统，包括一个 CCD 摄像机、一个光栅投射器和一个扶手，如图 2 – 5 所示。

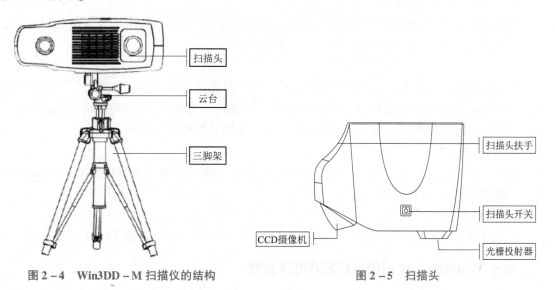

图 2 – 4　Win3DD – M 扫描仪的结构　　　　　　图 2 – 5　扫描头

3. Win3DD – M 扫描仪的技术参数

Win3DD – M 单目三维光学扫描仪的技术指标见表 2 – 1。

表 2 – 1　Win3DD – M 扫描仪技术指标

序号	项目及配置	技术指标
1	单幅扫描范围/（mm×mm×mm）	300×210×200
2	扫描距离/mm	600
3	扫描点距/mm	0.2~1.1
4	单幅扫描时间/s	<3
5	摄像机分辨率	130 万像素
6	扫描精度	单幅扫描/对角线长度

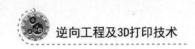

序号	项目及配置	技术指标
7	扫描方式	拍照式
8	输出文件格式	ASC，STL，IGS，OBJS
9	拼接方式	全自动拼接
10	扫描物体尺寸/mm	250～600

4. Win3DD－M 三维扫描仪的特点

1）独有的图像数据技术

Win3DD 采用独有的相机数学模型，充分考虑各类图像畸变对数据采集的影响，结合高性能的图像处理技术及高精度的亚像素边缘检测技术，将各类误差产生的可能性降到最低。

2）严格的精度检测标准

依据德国光学扫描仪检验标准 VDI/VDE2634 进行出厂测试，经中国计量院权威认证，出厂的 Win3DD 产品均已达到国际同类产品精度等级。

3）适用范围广

采用面扫描的非接触式三维光学扫描方式，可针对外观复杂、自由曲面、柔软易变形或易磨损的物体进行表面数据获取，克服传统激光扫描仪的精度低、效率差及行程限制等缺陷，增强的计算方法可对深色物体进行扫描，避免显影剂的喷涂与清洗工作。

4）自动识别标志点

系统全自动识别标志点，多次扫描数据自动拼接，不需要第三方软件，不需要用户干预，一键完成扫描工作。

5）数据兼容性强

扫描得到的数据可以与 CATIA、UG、Geomagic、Imageware 等逆向软件进行数据交换。

二、基于 Win3DD－M 扫描仪获取六面体数据

此实例的被测对象是六面体产品，表面呈白色，表面没有细节特征，由于本次使用 Win3DD－M 的 Wrap_ Win3D 三维数据采集系统对六面体进行数据采集，扫出来的点云以多视角形式保存在工程中，为了方便后期用数据处理软件进行拼接，所以需要在产品上贴上标志点。

步骤1：扫描前处理

由于六面体模型表面呈现白色，所以不需要喷上显影剂，只需要将六面体贴上标志点，标志点必须最小以 20 mm 的距离随机地粘贴到产品的表面，如果表面曲率变化，可以适当加大标志点的间隙，可以达到 100 mm 的间距。

贴标志点的注意事项：

（1）标志点要尽量贴在物体平面部分上，且距离工件边缘要远一些。如果贴在不是平面的部分，会产生较大的误差。

（2）每两次扫描的公共标志点个数要不少于 4 个，由于图像、拍摄角度等多方面的原因，有些标志点不能正确识别，所以建议尽可能多地贴标志点。

（3）标志点之间的距离应互不相同，不要形成规则的点状，避免出现等腰三角形、等边三角形或者直接成一条直线的情况。

图2-6所示为错误的标志点粘贴情况。图2-7所示为六面体正确粘贴方式。

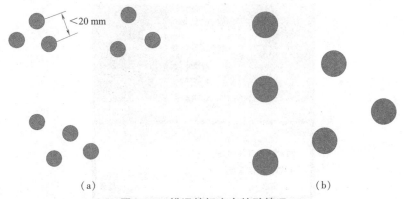

图2-6　错误的标志点粘贴情况
（a）标志点过密或过稀；（b）标志点太过规律

步骤2：扫描规划

由于六面体产品有三个直立面，白光照射不到的地方，数据采集会受到影响，所以需要将产品倾斜放置，将直立面变成斜面，以更好地接受白光的照射。本次案例中采用黑色橡皮泥垫于六面体底面来达到扫描效果。

步骤3：启动扫描仪软硬件，调整参数

将六面体产品放置在工作台上，开启扫描设备，开启 Geomagic Wrap 软件，使扫描系统预热5~10 min，在工作台上可以看到一个黑色十字和白色的光源打在产品上，如图2-8所示。调节测量头和产品之间的距离，最佳测量距离为600 mm，使之达到最佳的测量效果。

图2-7　正确粘贴方式

图2-8　调整参数

步骤4：扫描接口配置

开启 Geomagic Wrap 软件后，单击菜单栏中的"采集"→"扫描"选项，弹出如图2-9

所示的对话框，只有安装了Win3DD扫描仪的扫描插件才会弹出此对话框。

在扫描选项中勾选"自动调整尺寸"和"虚拟照相机"复选框，单击"确定"按钮。

图 2 - 9　Win3D Scanner 配置对话框

步骤 5：新建工程

在弹出的如图 2 - 10 所示的 Wrap 三维扫描系统中，单击"工程管理"→"新建工程"选项，弹出如图 2 - 11 所示的拼合扫描对话框，输入工程目录和工程名称，单击"确定"按钮。

图 2 - 10　Wrap 三维扫描系统

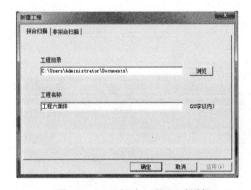

图 2 - 11　"新建工程"对话框

步骤 6：开始采集数据

系统自动返回到 Wrap 三维扫描系统界面，单击"开始扫描"按钮，软件自动完成一片点云数据的采集，并在模型树下显示 1 和 Fwp - 1，点云 1 代表当前获得的产品的点云数据，Fwp - 1 代表当前相机捕捉到的标志点数据，如图 2 - 12 所示。转动产品模型，继续单击"开始扫描"按钮，完成产品各个角度的数据采集，如图 2 - 13 所示。

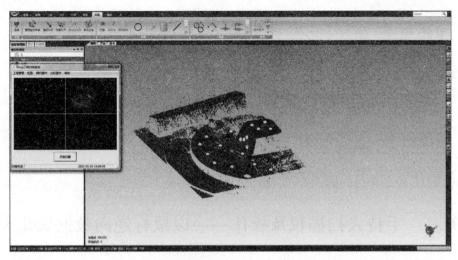

图 2 – 12 采集第一片点云

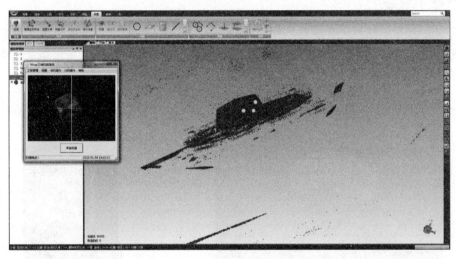

图 2 – 13 数据采集完成

步骤 7：保存点云数据

扫描完成，并检查点云数据没有缺失之后，单击"文件"→"保存"选项，将扫描的点云进行保存，保存为 .wrp 格式，将在项目三中继续用 Geomagic Wrap 讲解数据处理。

✓ 任务评价

评价项目	分　　值	得　　分
单目固定式光学扫描仪的特点	20 分	
单目固定式光学扫描仪的技术指标	20 分	
扫描前处理	10 分	
完成零件的扫描	50 分	

✓ **课后思考**

1. 扫描前处理有哪些？
2. 标志点粘贴过程中有哪些注意事项？

✓ **拓展任务**

鼠标逆向数据采集

对比其他厂家的单目扫描设备，写出它们的参数特点。

任务二　手持式扫描仪及操作——以鼠标逆向数据采集为例

任务引入

你在出差过程中碰到一个客户，他对你所从事的逆向工程行业非常感兴趣，要求你对如图 2－14 所示的鼠标进行数据采集，你能利用随身携带的手持式扫描仪（见图 2－15）完成对鼠标的数据采集吗？

图 2－14　鼠标　　　　　　　　　图 2－15　EinScan Pro EP 手持式扫描仪

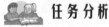
任务分析

本次任务的要求是获取如图 2－14 所示鼠标的点云数据，通过观察，鼠标表面曲面多，左右对称结构，先临三维 Einscan Pro EP 手持式扫描仪是全球首款多功能手持式三维扫描仪，通过测量鼠标表面的点云数据，介绍手持式扫描仪的测量原理、技术参数和特点，讲解用 Einscan Pro EP 手持式三维扫描仪获得鼠标点云数据的方法。

学习目标

知识目标：

1. 掌握手持式三维扫描仪的测量原理；
2. 了解手持式三维扫描仪的结构和技术参数；

3. 了解手持式三维扫描仪的扫描策略；

4. 掌握手持式三维扫描仪的操作步骤。

技能目标：

1. 具备调整手持式扫描仪基本参数的能力；

2. 具备使用手持式扫描仪采集数据的能力。

素养目标：

1. 培养学生的动手能力；

2. 培养学生规范操作设备的能力；

3. 培养学生团结协作的能力。

知识链接

1. 先临三维 Einscan Pro EP 手持式三维扫描仪

Einscan Pro EP 手持式三维扫描仪是全球首款多功能手持式三维扫描仪，可以提供手持式快速扫描、手持式细节扫描、固定式全自动扫描和固定式自由扫描 4 种扫描模式，是多项全国赛事的指定扫描设备。

2. 非接触式光学扫描步骤

1）喷显像剂

在进行非接触式光学扫描前，首先要做好被测物体的前处理，为了达到更好的扫描效果，任何发亮的、黑色的、透明的或者反光的物体表面都应该喷上白色显像剂。

2）标志点

在用三维扫描仪扫描前，除了表面要进行喷白处理外，如果被测物体表面没有具体特征，为了方便后续进行数据拼接，需要在表面贴标志点，标志点是作为拼接数据的依据。标记点也分尺寸，有大有小，要根据被测物体的大小来选择合适的标志点尺寸。

3）标志点拼接扫描

使用"标志点/特征"拼接扫描模式，能够在单次扫描过程中对扫描仪获取的点云数据进行自动拼接。

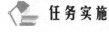

任务实施

一、先临三维 Einscan Pro EP 手持式扫描仪简介

Einscan Pro EP 三维扫描仪是全球首款多功能手持式三维扫描仪，是杭州先临三维科技股份有限公司生产的，于 2016 年 3 月 10 日在上海展会上首次正式亮相。先临三维公司是国家白光三维测量系统（三维扫描仪）行业标准的第一起草单位，浙江省工业设计协会副会长单位，建有省级 3D 数字化与 3D 打印技术研究院，以及国内技术种类多、工艺全面、分布网点众多的 3D 打印服务中心，是"中国 3D 打印技术产业联盟副理事长单位"，浙江省 3D 打印产业联盟理事长单位，并与清华大学、浙江大学、华南理工大学等知名高校建有 3D 数字化与 3D 打印技术联合实验室。这款最新研发的 Einscan Pro EP 手持式三维扫描仪可以提供手持式快速扫描、手持式细节扫描、固定式全自动扫描和固定式自由扫描 4 种扫描模式。针对不同精度要求和不同扫描物体大小，兼顾了便携性和高精细

度扫描需求。可以说是市场上手持式三维扫描仪、桌面三维扫描仪和工业三维扫描仪三者合一的一款产品。

Einscan Pro EP 手持式扫描仪是多项全国赛事的指定扫描设备：

（1）第八届全国数控技能大赛——计算机程序设计员数字化设计与制造赛项指定设备。

（2）第四届江苏技能状元大赛——CAD 机械设计项目指定设备。

（3）第三届广东省技工院校技能大赛——3D 打印技术应用赛项、数字化设计与制造赛项指定设备。

（4）2018 年度机械行业职业教育技能大赛——CAD 冲压模具（注塑模具）数字化与智能制造赛项指定设备。

（5）第 45 届世界技能大赛（CAD 机械设计赛项）中国区间国家集训基地指定设备。

（6）第 46 届世界技能大赛（CAD 机械设计赛项）全国选拔赛指定设备。

1. Einscan Pro EP 手持式三维扫描仪特点

（1）精度高，细节精，高度还原实物表面立体信息。固定扫描模式下，单幅扫描精度最高可达 0.02 mm；手持扫描模式下，利用标志点拼接，单幅扫描精度最高可达 0.05 mm，三维数据点云最小点距设置达到 0.2 mm，高细节展现物体立体形态。

（2）多种扫描模式与多模块配合，适应更广泛应用需求。包含纹理模块、工业模块以及可选模块 HD Prime 模块；兼具手持快速扫描模式、手持精细扫描模式、固定自由扫描模式以及固定全自动扫描模式，满足不同尺寸物体的扫描需求。

（3）扫描快速，数据采集传输不卡顿。得益于新一代视觉采集器件及优化的算法，手持快速模式下数据采集帧率达到 30 fps，最大采集幅面可达 312 mm × 204 mm，每秒可获取 1 500 000 点。采用 USB3.0 相机接口，实现更高速、稳定的数据采集和传输。

（4）高兼容性，兼容市场上主流三维设计软件。可输出 STL、OBJ、PLY、ASC 和 P3 等标准数据格式，兼容市场上主流三维设计软件；可直接导出封闭模型，无缝对接 3D 打印机。

（5）便携轻巧的设备，用户友好的软件。轻巧的设备，满足长时间手持操作的需求；小巧的设备尺寸，能够应对在更多工作空间中的灵活作业，配合简单易用的软件，使得 3D 扫描对于初学者如同录制视频般简单。

（6）丰富的设计功能。作为新一代数字化设计平台，融合了逆向工程、CAD 设计与仿真模块的高性能数字化工具，将直接建模的快速和简易性与参数化设计的灵活性和可控性相结合。软件与 3D 扫描仪、3D 打印机进行组合，有效地形成"3D 数字化 – 智能设计 – 增材制造"的系统化解决方案，为用户带来更简单、快速、高性价比的高精度三维数据设计、仿真优化和制造。

2. Einscan Pro EP 手持式三维扫描仪的技术参数

Einscan Pro EP 手持式三维扫描仪的技术参数见表 2 – 2。

表 2 – 2　Einscan Pro EP 手持式三维扫描仪技术参数

扫描模式	手持精细扫描模式	手持快速扫描模式	固定式全自动扫描	固定式自由扫描模式
扫描精度	最高 0.05 mm	最高 0.1 mm	单片精度 0.02 mm	单片精度 0.02 mm
扫描速度	20 帧/s， 1 100 000 点/s	30 帧/s， 1 500 000 点/s	单幅扫描时间 < 0.5 s	单幅扫描时间 < 0.5 s

扫描模式	手持精细扫描模式	手持快速扫描模式	固定式全自动扫描	固定式自由扫描模式
空间点距	0.2 ~ 3.00 mm	0.25 ~ 3.00 mm	0.24 mm	0.24 mm
拼接模式	标志点拼接	标志点拼接；特征拼接（物体表面有丰富的几何特征）；混合拼接（标志点和特征）	转台编码点拼接；特征拼接；标志点拼接；手动拼接	标志点拼接；特征拼接；手动拼接
纹理扫描	不支持	支持，但需安装"纹理模块"		
单片扫描范围	（208 mm×136 mm）　~　（312 mm×204 mm）			
景深	±100 mm			
光源	三色 LED			
特殊扫描物体处理	透明、反光、个别暗黑色物体不能直接扫描，需先喷粉处理			
输出文件格式	OBJ，STL，ASC，PLY，P3，3MF			

二、基于 Einscan Pro EP 手持式扫描仪获取鼠标数据

此实例的被测对象是鼠标，表面呈灰色，表面自由曲面比较多，用接触式扫描速度比较慢并且需要测多个点，本次案例采用手持快速扫描获得鼠标的点云数据。

步骤 1：扫描前处理

由于鼠标模型表面呈现灰色，所以需要喷上显像剂，Einscan Pro EP 手持式扫描仪自带的扫描软件可对多视角点云数据进行自动拼合，所以需要将鼠标贴上标志点，上个任务已经讲解过如何粘贴标志点。

扫描前处理的鼠标如图 2 - 16 所示。

步骤 2：扫描规划

如果按图 2 - 14 所示的鼠标放置位置，手持式扫描仪沿着鼠标转一圈，鼠标底部的部分数据采集不到，所以需要采集多姿态进行拼合，将鼠标用橡皮泥固定呈现如图 2 - 16 所示的姿态，再扫一遍，再将鼠标翻转 180°，用手持式扫描仪再扫一遍，最后将数据拼合。

步骤 3：扫描仪标定

将扫描仪和计算机相连，开启 Exscan

图 2 - 16　鼠标前处理

Pro 软件，开启扫描设备，先进行扫描仪标定，将标定板放置于工作台上，调节测量头和标定板之间的距离，按照图 2 - 17 所示的步骤进行操作，标定完成后，将标定板拿走，放上鼠标。

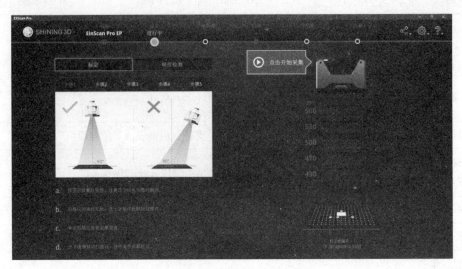

图 2 - 17　扫描仪标定

步骤 4：选择扫描模式

标定完成后，软件自动调到"扫描模式"选项卡，如图 2 - 18 所示，选择"手持快速扫描"模式。

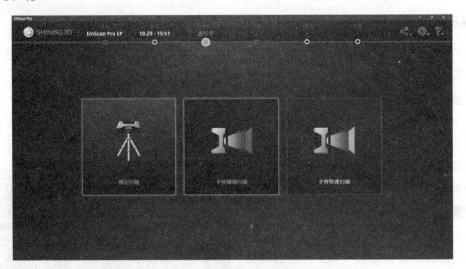

图 2 - 18　扫描模式选择

步骤 5：新建工程

在弹出的如图 2 - 19 所示的窗口中，单击"新建工程"选项，弹出如图 2 - 20 所示的页面，选择"标志点/特征"拼接模式，选择"非纹理扫描"，操作模式选择"快速"选项，分辨率选择"中细节"，单击"应用"选项。

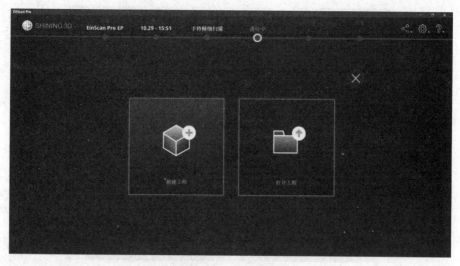

图 2 - 19　新建工程

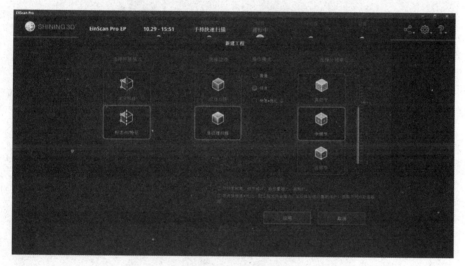

图 2 - 20　扫描参数选择

步骤 6：采集数据

系统显示"扫描中"界面，在左上角的视图窗口中，可以看到相机照射的区域，随时调整相机的角度，使得鼠标模型完全位于相机照射范围，单击右上角的扫描预览或者扫描仪中间的"开始"按钮，缓慢移动扫描仪，要观察图形窗口中的数据是否显示绿色，如果移动过快，视图区域会显示"数据丢失，请移动到已扫描区域继续扫描"，如果扫描仪距离模型太远，视图区域会显示"距离太远"，适当调整扫描距离和移动速度，直到扫描完成。在视图窗口区可以预览扫描获得的点云，看是否当前位置的点云都采集完成，采集完成后单击右边工具栏的"保存数据"按钮。图 2 - 21 所示为现场扫描图。图 2 - 22 所示为扫描鼠标正面获得的点云数据。

步骤 7：翻转零件继续扫描

将鼠标竖着放置，如图 2 - 23 所示，采集的数据如图 2 - 24 所示。按照之前的步骤操作直至所有的点云数据被获取。

图 2 – 21　现场扫描图

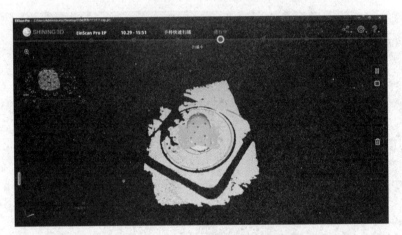

图 2 – 22　扫描鼠标正面获得的点云数据

图 2 – 23　第二次数据采集

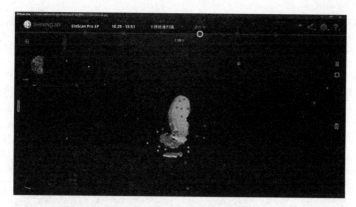

图 2－24　鼠标侧面点云数据

步骤8：保存点云数据

扫描完成，并检查点云数据没有缺失之后，单击"数据保存"按钮，将扫描的点云进行保存，保存为 . asc 格式，将在项目三中继续用 Geomagic Wrap 讲解数据处理。

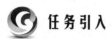

任务评价

评价项目	分　值	得　分
手持式扫描仪的特点	20 分	
手持式扫描仪的技术指标	20 分	
扫描前处理	10 分	
完成零件的扫描	50 分	

课后思考

1. Einscan Pro EP 手持式三维扫描仪有哪几种扫描方式？
2. 扫描的路径如何选择？

拓展任务

使用手持式扫描仪完成现有的实物扫描，要求数据完整，能够反映实物特征。

任务三　双目固定式扫描仪及操作——以汽车连接件逆向数据采集为例

任务引入

汽车连接件扫描

今天收到一个汽车厂家发过来的如图 2－25 所示的钣金件，由于厂家图纸不慎丢失，委托你对汽车连接件进行数据采集，利用图 2 – 26 所示的三维扫描仪能够完成厂家的任务吗？

图 2 – 25　汽车连接件

图 2 – 26　OKIO – 5M – 400 三维扫描仪

任务分析

　　本次任务的要求是获取汽车连接件的点云数据，采用北京天远三维科技生产的 OKIO –
5M – 400 双目固定式扫描仪的转台自动拼接测量功能来获取数据。通过观察，汽车连接件属
于钣金件，精度要求不高，只要扫描单面点云，后续加厚即可。通过测量汽车连接件表面的
点云数据介绍 OKIO – 5M – 400 三维扫描仪的测量原理、技术参数和特点，讲解用 OKIO –
5M – 400 三维扫描仪获得汽车连接件点云数据的方法。

学习目标

知识目标：

1. 掌握双目固定式三维扫描仪的测量原理；

2. 了解双目固定式三维扫描仪的结构和技术参数；

3. 了解双目固定式三维扫描仪的标定方法；

4. 了解双目固定式三维扫描仪的操作步骤。

技能目标：

1. 具备调整双目固定式扫描仪基本参数的能力；

2. 具备双目固定式扫描仪相机标定的能力；

3. 具备使用双目固定式扫描仪采集数据的能力。

素养目标：

1. 培养学生的动手能力；

2. 培养学生规范操作设备的能力；

3. 培养学生团结协作的能力。

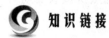 **知识链接**

1. 北京天远 OKIO – 5M – 400 三维扫描仪

OKIO 5M 属于工业级三维扫描仪，采用 500 万像素进口工业相机，扫描精度高达 0.005 mm；配合先进的蓝光光栅扫描技术，有利于避免受外界光线条件的影响，使得精准测量工作变得更加轻松。

2. 摄像机标定

在图像测量过程中，为确定空间物体表面某点的三维几何位置与其在图像中对应点之间的相互关系，必须建立相机成像的几何模型，通过相机拍摄带有固定间距图案阵列平板，经过标定算法的计算，可以得出相机的几何模型，从而得到高精度的测量和重建结果，这个过程就叫相机标定，而带有固定间距图案阵列的平板就是标定板。因此，做好相机标定是做好后续工作的前提。

3. 转台拼接测量

使用"转台拼接"扫描模式，当转台标定后，辅助自动转台能够在单次扫描过程中对扫描仪获取的点云数据进行自动拼接。

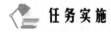 **任务实施**

一、北京天远 OKIO – 5M – 400 三维扫描仪简介

OKIO – 5M – 400 三维扫描仪是北京天远三维科技有限公司研发的第三代三维扫描产品，该公司与清华大学相关科研组密切合作，成功研制出具有国际先进水平、拥有自主知识产权的照相式三维扫描系统。该系统具有速度极快、精度高、易操作、方便移动的特点，在物体的单面测量和多面拼接的精度和准确度上达到国际先进水平，广泛适用于各种需求三维数据的行业。该扫描方式有别于传统的激光点扫描方式，通过在物体表面投射光栅，用两架摄像机拍摄发生畸变的光栅图像，以实现物体表面三维轮廓的测量。该系统具有速度快、精度高、面扫描、"一键式"标志点全自动拼接等特点，对环境条件不敏感，可输出 ASC、STL 等格式的数据。

天远三维扫描仪（天远抄数机）采用非接触式光学扫描，除覆盖接触式扫描的适用范

围之外，可以用于对柔软、易碎物体的扫描以及难以接触或不允许接触扫描的场合，广泛应用于航空航天、汽车制造、造船重工、模具制造、玩具家电、医学整形等领域的产品设计、逆向工程、质量检测。

1. OKIO - 5M 扫描原理

OKIO - 5M 三维扫描仪采用的是结构光三维测量技术，该技术采用结构光技术、相位测量技术、计算机视觉技术于一体的复合三维非接触式测量技术。在物体表面投射光栅用两架摄像机拍摄发生畸变的光栅图像，采用编码光和相移方法获取左右摄像机拍摄图像上每一点的相位，利用相位和外极限，实现两幅图像上点的匹配技术，计算点的三维空间坐标，以实现物体表面三维轮廓的测量。

其测量原理为：光栅发射器投射一系列光栅条纹到物体表面，经过物体表面调制发生变形，CCD 从另外一侧观察变形条纹，得到物体的三维面形数据。基于标记点拼接或者特征拼接，可以得到物体 360°各个方位的数据。测量原理如图 2 - 27 所示。

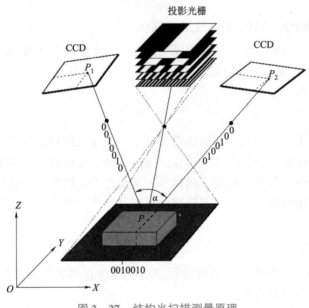

图 2 - 27　结构光扫描测量原理

2. 天远 OKIO - 5M 扫描仪的组成

图 2 - 28 所示为天远三维扫描仪的基本组成，包括一台计算机、一个工作台、两台摄像机和一个光栅发射器。

（1）计算机，用于控制系统的操作、数据处理及结果显示。

（2）光栅发射器，用于投射光栅。

（3）CCD 摄像机两架，用于拍摄图像。

（4）1394 卡及线缆，CCD 与计算机的连接。

（5）标定块，用于系统定标。

（6）标志点，用于标志点拼接。

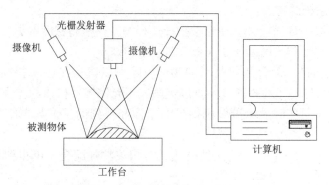

图 2-28　天远 OKIO-5M 扫描仪的组成

3. OKIO-5M 系列三维光学扫描仪的特点

（1）搭载 500 万像素高分辨率工业相机。

（2）高分辨率蓝光光栅机。

（3）最高精度到达 5 μm。

（4）支持多达 1 亿顶点数据量。

（5）超高速扫描，单幅扫描时间小于 1.5 s。

（6）全新碳纤维结构设计。

（7）全新 Ribon 软件界面。

（8）实时显示网格化模型。

（9）系统自带对齐及检测模块。

（10）可支持高速无线蓝牙光笔。

4. OKIO-5M 系列扫描仪技术参数

OKIO-5M 系列扫描仪技术参数见表 2-3。

表 2-3　OKIO-5M 系列扫描仪技术参数

产品型号	OKIO-5M-400	OKIO-5M-200	OKIO-5M-100
测量范围/mm	400×300	200×150	100×75
测量精度/mm	0.015	0.01	0.005
平均点距/mm	0.16	0.08	0.04
传感器/像素	5 000 000×2		
光源	蓝光（LED）		
单幅扫描时间	<1.5 s		
扫描方式	非接触拍照式		
拼接方式	"一键式"标志点全自动拼接		
精度控制方式	内置 GREC 全局误差控制模块；支持三维摄影测量系统（照相定位）		
数据输出格式	ASC、STL、OBJ、OKO		
计算机配置要求	操作系统：Win7 64 bit CPU：intel 酷睿 i7 3770 及以上 显卡：NVIDIA Geforce GT670 及以上 内存：16GB DD3 1 600 及以上		

天远三维扫描系统的特点：

（1）扫描精度高，数据量大，在光学扫描过程中产生极高密度数据。

（2）速度快，单面扫描时间小于 5 s。

（3）非接触式扫描，适合任何类型的物体，除可以覆盖接触式扫描的适用范围之外，可以用于对柔软、易碎物体的扫描以及难以接触或不允许接触扫描的场合。

（4）测量过程中可实时显示摄像机拍摄的图像和得到的三维数据结果，具有良好的软件界面。

（5）测量结果可输出 ASC 点云文件格式，与相关软件配合，可得到 STL，IGES，OBJ，DXF 等各种数据格式。

（6）使用方便，操作简单，对操作人员要求较低。

二、基于 OKIO – 5M – 400 光学扫描仪获取汽车连接件数据

此实例的被测对象是狭长型零件，表面呈灰色，表面带孔，自由曲面比较多，采用表面喷白处理，加上转台自动拼接进行扫描，本次案例采用 OKIO – 5M – 400 固定式扫描仪快速扫描获得汽车连接件的点云数据。

步骤 1：扫描前处理

由于模型表面呈现灰色，所以需要喷上显像剂，OKIO – 5M – 400 扫描仪自带的扫描软件可利用转台将点云数据进行自动拼合，不需要贴上标志点。图 2 – 29 所示为喷上显像剂之后的产品。

步骤 2：摄像机标定

如果三维扫描仪有两个月左右没有开机使用过，则需要重新标定。将扫描仪、转台和计算机相连，开启扫描设备，插上加密狗，开启 3Dscan 软件，为摄像机标定做准备。

摄像机定标通过拍摄标定块在不同位置的图像，来实现对系统的标定。本系统采用平面标定块，如图 2 – 30 所示，为了能测量空间三维物体，标定块应该放置在不同的位置，尽量充满待测物体的每次扫描区域可能占据的空间。

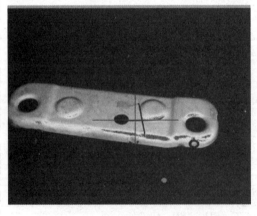

图 2 – 29 喷显像剂之后的产品

图 2 – 30 标定块

摄像机定标时系统会让用户拍摄三个不同的点位置和三个不同的面位置的标定块图像，拍摄图像的要求是：

（1）为了人眼能够在拍摄图像上清晰分辨出黑色圆点，可能要通过调整增益来达到最

好的效果。

（2）在每个位置上要保证能看到 4 个大点，其他点可以有看不见的部分，但要尽可能看到更多的点。

（3）三个不同的点位置要尽量充满待测物体每次扫描区域可能占据的空间。

（4）第一个位置标定块放置在图像中看到的结果是：4 个大点中，共线的三个大点在另一个大点的下方。这样做的目的是最后得到的三维坐标的默认显示位置与在图像中看到的基本相同。

确认左右摄像机拍摄场景及光栅视窗均打开，并调整相机焦距，光栅视窗投射蓝光；将标定块放在视野中央，左右摄像机拍摄场景会实时显示拍摄的图像，调整好测量头到标定块的距离后移动标定块的位置，使得看到尽可能多的圆点，如图 2 - 31 所示。

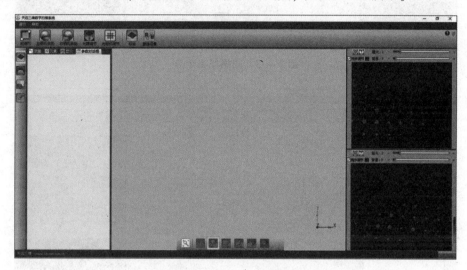

图 2 - 31　标定预览窗口

单击主菜单"设置"→"标定"选项，弹出如图 2 - 32 所示的对话框，选择 OKIO - 4961 型号的标定块，单击"确定"按钮，进入标定程序。

在弹出的如图 2 - 33 所示标定页面中，需要拍摄 7 个位置，每个位置都要按照提示的位置进行调整。

1 号位置：①测量头前倾角为 20°左右（与垂直方向的夹角）；②测量头与标定块水平放置；③调节距离使距离适中（左右图像的十字线对齐），如图 2 - 34 所示；④标定块角度调整为 0°。

位置都调整好之后，单击"位置：1"选项，1 号位置拍摄成功，位置 1 拍摄完成后，通过三脚架的摇柄移动测量头上升或下

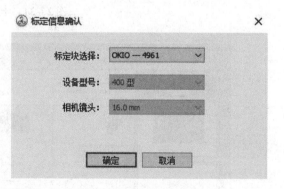

图 2 - 32　标定信息确认

降，或者调整倾角，按照视图区显示的提示调整测量头的角度和高度，连续拍摄好位置2、位置3、位置4、位置5、位置6、位置7，如图 2 - 35 所示。

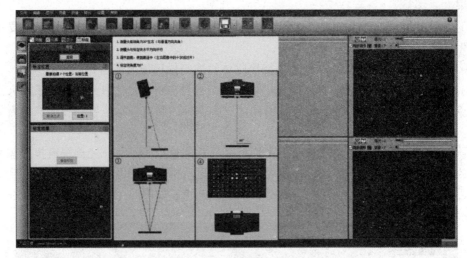

图 2 – 33　拍摄第 1 个点

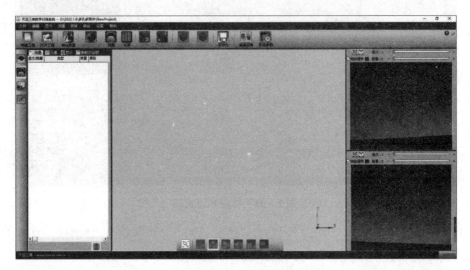

图 2 – 34　十字线对齐

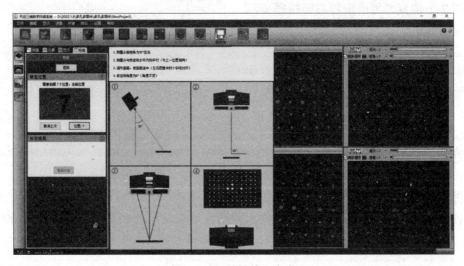

图 2 – 35　拍摄第 7 个点

拍摄完第七个位置后，单击"计算"按钮，弹出如图 2 – 36 所示标定成功对话框，完成摄像机的标定。

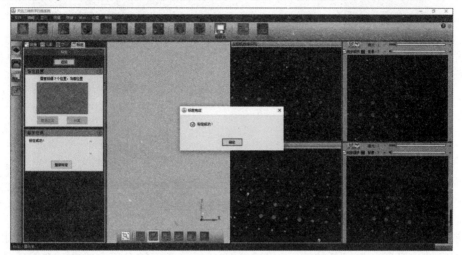

图 2 – 36　标定成功

步骤 3：转台标定

由于本次案例采用转台进行测量，所以在建立工程之前应该先对转台进行标定，在转台上距离中心 10 cm 处贴一个标志点，如图 2 – 37 所示。调整曝光和背景使得视图区域没有红色显示，将曝光调整到 2，背景调整到 7 之后，标志点显示白色。

单击"转台"→"转台标定"选项，弹出如图 2 – 38 所示的"转台标定"对话框，单击"采集标志点"按钮，转台会自动旋转进行拍摄，在整个过程中不要移动转台和扫描设备，采集标志点完成之后如图 2 – 39 所示。

图 2 – 37　转台

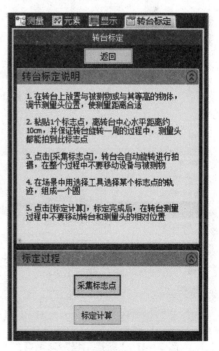

图 2 – 38　"转台标定"对话框

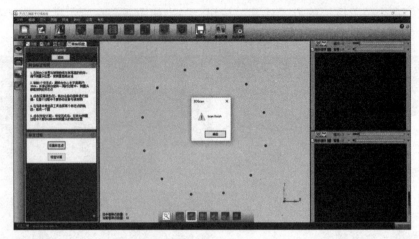

图2-39 采集标志点完成

在视图区域中用选择工具框选12个标志点，单击转台标定对话框中的"标定计算"按钮，视图区域中显示一个绿色的圆，如图2-40所示，表示转台标定成功。在以后的测量过程中不要移动转台和测量头之间的位置，要不然又要重新进行转台标定。

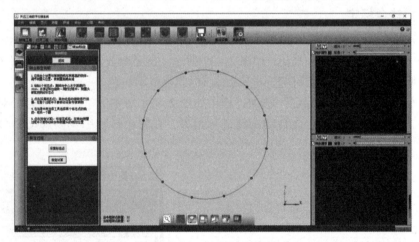

图2-40 转台标定成功

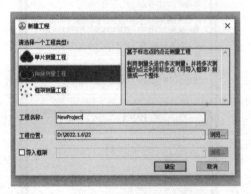

图2-41 "新建工程"对话框

步骤4：新建工程

将需要扫描的零件放置于转台上，并完全显示在两个摄像机的预览窗口中，调整曝光和背景，使得零件全部显示白色，单击"新建工程"选项，弹出如图2-41所示的新建工程对话框，在对话框中可以选择单片测量工程、拼接测量工程和框架测量工程。

天远三维扫描系统测量模式分为单面扫描、标志点拼接、建立框架拼接。不需要拼接的使用单面扫描，需要拼接的使用标志点拼接或建立框架拼接。

（1）单面扫描。对一些物体的测量，只要拍摄一面就能得到所需的数据，此时需要使用单面扫描操作。

（2）标志点拼接。对一些较大的物体一次不能测完全部数据，可通过贴标志点，利用标志点拼接方式完成，标志点拼接时要注意以下几个问题：标志点要贴在物体上平面区域；标志点不要贴在一条直线上；每相邻两次之间的公共标志点至少为4个，由于图像质量、拍摄角度等多方面原因，有些标志点不能正确识别，因而建议用尽可能多的标志点，一般6~8个即可。

（3）建立框架拼接。测量一些大物体时，由于积累误差使最后的测量误差偏大，为了控制整体误差，测量大物体时先建立框架再进行标志点拼接测量。

在本次扫描过程中，虽然没有贴上标志点，但是属于转台拼接扫描，也属于拼接测量工程。

步骤5：开始采集数据

单击"转台测量"选项，弹出如图2-42所示的"转台控制"对话框，转台转速选择"中速"，拼接方式选择"转台拼接"，自动模式选择"均分扫描"，扫描等分为6等份，勾选扫描后自动拼接，单击"开始"按钮，转台以60°为一等份进行采集数据，6等分完成之后，采集的数据如图2-43所示。旋转模型，观察数据是否采集完全，单击"返回"按钮，退出扫描。

图2-42　"转台控制"对话框

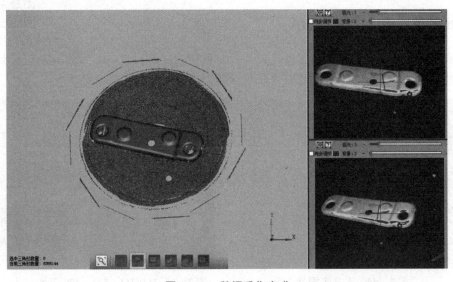

图2-43　数据采集完成

步骤6：数据保存

数据采集完成之后，3Dscan 软件会自动保存点云等数据，保存在新建工程目录下。

✓ 任务评价

评价项目	分　值	得　分
双目固定式扫描仪的特点	10 分	
双目固定式扫描仪的技术指标	10 分	
双目固定式扫描相机的标定	20 分	
双目固定式扫描仪转台的标定	10 分	
完成零件的扫描	50 分	

✓ 课后思考

1. 北京天远 OKIO – 5M – 400 三维扫描仪有哪几种扫描方式？
2. OKIO – 5M – 400 三维扫描仪摄像机如何标定？

✓ 拓展任务

使用北京天远 OKIO – 5M – 400 三维扫描仪完成现有的实物扫描，要求数据完整，能够反映实物特征。

任务四　异形零件逆向数据采集方法——以多孔多面件逆向数据采集为例

◎ 任务引入

多孔多面件扫描无字幕版

机械厂家听说你那边有测量精度比较高的扫描仪，发来图 2 – 44 所示的多孔多面的机械产品，你如何利用图 2 – 45 所示的扫描仪获得精度要求较高的零件数据呢？

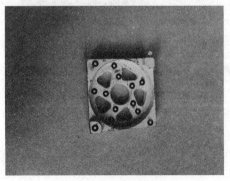

图 2 – 44　多孔多面件　　　　图 2 – 45　OKIO – 5M – 400 三维扫描仪

任务分析

本次任务的要求是获取多孔多面件的点云数据，通过观察，该产品属于工业产品，形状规整，精度要求高，采用 OKIO – 5M – 400 的标志点 + 转台自动拼接测量功能来获取数据。通过测量多孔多面件表面的点云数据进一步了解 OKIO – 5M – 400 三维扫描仪的使用方法。

学习目标

知识目标：

1. 熟练掌握双目固定式三维扫描仪的标定方法；

2. 掌握双目固定式三维扫描仪的操作步骤。

技能目标：

1. 具备双目固定式扫描仪相机标定的能力；

2. 具备使用双目固定式扫描仪采集数据的能力。

素养目标：

1. 培养学生的动手能力；

2. 培养学生规范操作设备的能力；

3. 培养学生团结协作的能力。

知识链接

1. 北京天远 OKIO – 5M – 400 三维扫描仪

OKIO – 5M 属于工业级三维扫描仪，采用 500 万像素进口工业相机，扫描精度高达 0.005 mm；配合先进的蓝光光栅扫描技术，有利于避免受外界光线条件的影响，使得精准测量工作变得更加轻松。

2. 摄像机标定

在图像测量过程中，为确定空间物体表面某点的三维几何位置与其在图像中对应点之间的相互关系，必须建立相机成像的几何模型，通过相机拍摄带有固定间距图案阵列平板，经过标定算法的计算，可以得出相机的几何模型，从而得到高精度的测量和重建结果，这个过程就叫相机标定，而带有固定间距图案阵列的平板就是标定板。因此，做好相机标定是做好后续工作的前提。

3. "转台 + 标志点" 拼接测量

使用"标志点拼接"扫描模式，当转台标定后，辅助标志点 + 自动转台能够在单次扫描过程中对扫描仪获取的点云数据进行自动拼接。

任务实施

一、基于 OKIO – 5M – 400 光学扫描仪获取多孔多面件数据

在项目二任务三中已经详细介绍了北京天远 OKIO – 5M – 400 三维扫描仪的测量原理和结构，以及三维扫描仪的特点以及技术参数，本节课就不再介绍扫描仪的参数。

　　此实例的被测对象属于工业产品，形状规整，精度要求高，表面呈灰色，表面带孔，无自由曲面，采用表面喷白处理，贴上标志点，加上转台自动拼接进行扫描，本次案例采用OKIO-5M-400固定式扫描仪快速扫描获得该产品的点云数据。

　　步骤1：扫描前处理

　　由于模型表面呈现灰色，所以需要喷上显像剂，显像剂喷射要均匀，贴上标志点，标志点如图2-46所示，OKIO-5M-400扫描仪自带的扫描软件可利用转台和标志点将点云数据进行自动拼合。图2-47所示为喷上显像剂贴上标志点之后的产品。标志点的粘贴方法见项目二任务一相关内容，这里不再赘述。

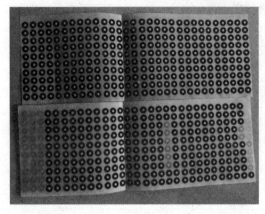

图2-46　标志点

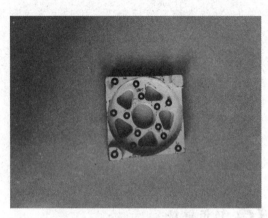

图2-47　喷显像剂之后的产品

　　步骤2：设备开启，调整相机参数

　　如果设备经常使用，并且没有改变测量头的位置、角度和高度，则不用重新标定。

　　将扫描仪、转台和计算机相连，开启扫描设备，光栅发射蓝光，插上加密狗，开启3Dscan软件，出现如图2-48所示扫描界面，两个相机的十字对齐，则可以进行下面的操作。

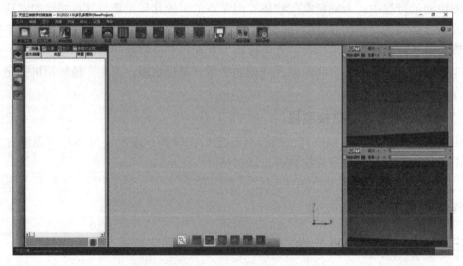

图2-48　扫描界面

步骤3：转台标定

由于本次案例采用转台＋标志点拼接进行测量，所以在建立工程之前应该先对转台进行标定。单击"转台"→"转台标定"选项，弹出如图2-49所示的"转台标定"对话框，单击"采集标志点"按钮，转台会自动旋转进行拍摄，在整个过程中不要移动转台和扫描设备，采集标志点完成之后如图2-50所示。

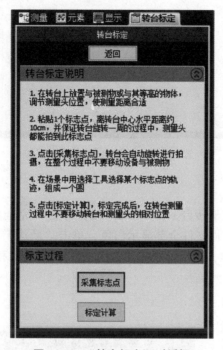

图2-49　"转台标定"对话框

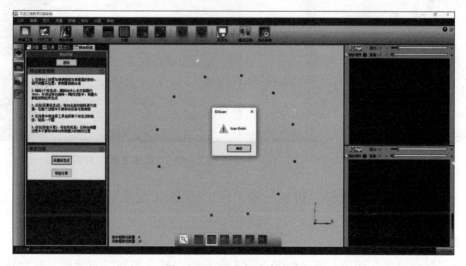

图2-50　采集标志点完成

在视图区域中用选择工具框选12个标志点，单击"转台标定"对话框中的"标定计算"按钮，视图区域中显示一个绿色的圆，如图2-51所示，表示转台标定成功。在以后的测量过程中不要移动转台和测量头之间的位置，否则又要重新进行转台标定。

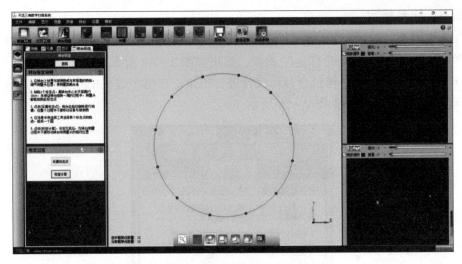

图2-51　转台标定成功

步骤4：新建工程

将需要扫描的零件放置于转台上，如图2-52所示，并完全显示在两个摄像机的预览窗口中，调整曝光和背景，使得零件全部显示白色，单击"新建工程"选项，弹出如图2-53所示的"新建工程"对话框，在对话框中可以选择单片测量工程、拼接测量工程和框架测量工程。

图2-52　将零件放置工作台上

图2-53　"新建工程"对话框

在本次扫描过程中，选择"拼接测量工程"，更改工程名称和路径，单击"确定"按钮。

步骤5：开始采集数据

单击"转台测量"选项，弹出如图2-54所示的"转台控制"对话框，转台转速选择"中速"，拼接方式选择"标志点拼接"，自动模式选择"均分扫描"，扫描等分为6等份，勾选扫描后自动拼接，单击"开始"按钮，转台以60°为一等份进行采集数据，6等分完成之后，采集的数据如图2-54所示。旋转模型，观察数据是否采集完全，单击"返回"按钮，退出扫描。

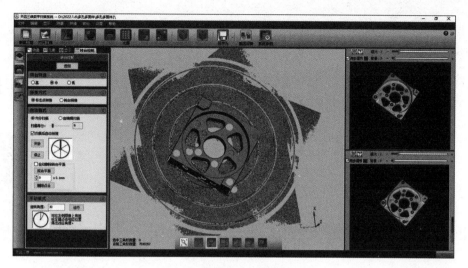

图 2-54 扫描结果

步骤 6：数据保存

数据采集完成之后，3Dscan 软件会自动保存点云等数据，保存在新建工程目录下。

任务评价

评价项目	分　值	得　分
扫描前处理方法	10 分	
被扫描零件的摆放方位	10 分	
扫描方式的选择	20 分	
扫描等分的确定	10 分	
获取零件的完整数据	50 分	

课后思考

1. 利用转台 + 标志点拼接方法扫描的前提需要做哪些工作？
2. OKIO - 5M - 400 三维扫描仪扫描时转台如何标定？

拓展任务

使用北京天远 OKIO - 5M - 400 三维扫描仪完成现有的实物的扫描，利用转台 + 标志点拼接扫描方法，要求数据完整，能够反映实物特征。

逆向数据处理

逆向数据处理软件
及基本操作

任务一　逆向数据处理软件及基本操作——以六面体为例

 **任务引入**

客户拿到扫描仪获得的如图 3−1 所示点云数据后，觉得点云杂乱无章，无法直接使用，你作为逆向工程师能不能将点云数据处理好呢？

图 3−1　六面体点云数据

 任务分析

本次任务需要处理的数据属于多视角点云数据，外形光滑，模型封闭无其他特征，通过对六面体点云的数据处理，了解 Geomagic Wrap 软件的基本功能和操作流程，熟悉软件的操作界面和鼠标的操作。本次任务的重点是对多视角点云的对齐，主要分为两个阶段进行：点阶段数据处理和多边形阶段数据处理。本次任务为后续该软件的学习奠定基础。

学习目标

知识目标：

1. 掌握 Geomagic Wrap 的工作流程和基本功能；
2. 了解点阶段和多边形阶段的基本命令；
3. 掌握多视角点云数据对齐的命令；
4. 掌握简单零件数据处理的基本操作流程。

技能目标：

1. 具备简单零件数据处理的能力；
2. 具备多视角点云数据对齐的能力。

素养目标：

1. 培养学生分析问题、解决问题的能力；
2. 培养学生团队协作的能力。

知识链接

1. Geomagic Wrap 的基本功能

（1）自动将点云数据转换为多边形（Polygon）。

（2）快速减少多边形数目（Decimate）。

（3）把多边形转换为 NURBS 曲面。

（4）曲面分析（公差分析等）。

（5）输出与 CAD/CAM/CAE 匹配的文件格式（IGS、STL、DXF 等）。

2. Geomagic Wrap 软件的工作流程

使用 Geomagic Wrap 软件逆向构建模型时，遵循点阶段—多边形阶段—曲面阶段（精确曲面、参数曲面）的工作流程。

3. 手动注册

"手动注册"命令用于对目标点云进行注册合并的操作，一般情况下采用"n 点注册"，对操作人员要求比较低，而注册精度却比较高。

4. 全局注册

全局注册主要用于对之前注册的对象进行重新定位。

5. 合并

"合并"命令主要用于将两个或者两个以上的点云数据合并为一个整体，并自动执行点云减噪、采样、封装、生成可视化的多边形模型等操作，只有具有多视角点云时才会点亮此命令。

6. 填充孔

该命令有三种填充方式：曲率填充、切线填充、平面填充。除此之外还可以根据破孔的边界条件分为内部孔填充、边界孔填充和搭桥填充。

7. 减少噪音

"减少噪音"命令主要用于去除模型表面粗糙的、非均匀的点云数据，以便更好地表现

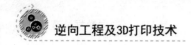

真实的物体形状。

8. 去除特征

"去除特征"命令用于删除模型中不规则的三角形，并且插入一个更有秩序且与周围三角形光滑连接的多边形网格。一般用于模型表面有凸起或者凹坑的情况，用"去除特征"命令可以达到去除凹坑或者凸起并且进行填充的效果。

9. 网格医生

"网格医生"命令主要用于自动修复模型中的自相交、钉状物、小组件、小孔等错误的数据。

任务实施

一、介绍 Geomagic Wrap 的基本功能

GeomagicWrap 软件是美国 Geomagic 公司出品的一款逆向工程软件，是目前市面上对点云处理及三维曲面构建功能最强大的软件，从点云处理到三维曲面重建的时间通常只有同类产品的三分之一。利用 Geomagic Wrap 可轻易地从任何实物零部件扫描所得的点云数据创建出完美的多边形模型和网格，并可自动转换为精确的 NURBS 曲面，最终转换成 CAD 模型，并输出各种行业标准格式。使用 Geomagic Wrap 软件数据处理可以简化工作流程，提高生产效率，并且兼容性强，与所有的主流三维扫描仪、CAD 软件、快速制造系统配合使用，支持多种数据转换，广泛应用于汽车、航空航天、制造、医疗建模、艺术和考古等领域。

1. Geomagic Wrap 的功能模块介绍

该软件主要包括基础模块、点处理模块、多边形处理模块、精确曲面模块、参数曲面模块、参数转化模块等6个模块。

1）基础模块

此模块的主要作用是提供基础的操作环境，包括视图显示、文件导入、文件保存、模型导航器等。

2）点处理模块

此模块的作用是对导入的点云数据进行预处理，通过点阶段的一系列操作得到有序的点云数据，包含的主要功能有：

（1）导入扫描点云数据。

（2）通过采样、删除体外孤点、减少噪音等命令优化扫描数据。

（3）自动或手动拼接与合并多个扫描数据集。

（4）合并点云并封装成三角形面片。

3）多边形处理模块

此模块的主要作用是对点云阶段封装的多边形网格数据进行光顺与优化处理，以获得光顺、完整的三角形面片网格，并消除错误的三角形面片，提高后续的曲面重构质量。包含的主要功能有：

（1）网格医生，一键修复所存在的自相交、高度折射边、钉状物、小组件等问题。

（2）细化或简化三角形面片数目。

（3）清除、删除钉状物，减少噪点，砂纸打磨以光顺三角网格。

（4）自动填充模型中的孔，并清除不必要的特征。

（5）一键松弛多边形进行多边形光顺。

（6）检测模型中的图元特征（如圆柱、平面）以及在模型中创建这些特征。

（7）加厚、抽壳、偏移三角网格。

（8）打开或封闭流形，增强表面啮合。

（9）形成雕刻表面。

（10）创建、编辑边界。

4）精确曲面模块

此模块的主要作用是实现数据分割与曲面重构，包含的主要功能有：

（1）自动曲面化，自动拟合曲面。

（2）探测并编辑处理轮廓线。

（3）探测曲率线，并对曲率线进行手动移动、设置级别、升级/约束等处理。

（4）构建曲面片，并对曲面片进行移动、松弛、修理等处理。

（5）构造栅格，并进行松弛、编辑、简化等处理。

（6）拟合 NURBS 曲面，并可修改 NURBS 曲面片层、修改表面张力。

（7）对曲面进行松弛、合并、删除等处理。

（8）拟合连接。

（9）对初级曲面修剪或对未修剪的曲面进行偏差分析。

（10）将模型导出成多种行业标准的三维数据格式（包括 IGES、STEP、VDA、NEU、SAT）。

5）参数曲面模块

此模块的主要作用是通过定义曲面特征并拟合成准 CAD 曲面，包含的主要功能有：

（1）自动探测区域。

（2）根据区域分类将曲面分为平面、圆柱、圆锥、球、拔模伸展、旋转、自由曲面类型。

（3）提取裁剪或未裁剪曲面。

（4）拟合曲面。

（5）拟合连接。

（6）创建 NURBS 曲面，并输出多种 3D 格式文件。

与精确曲面不同的是，参数曲面适用于对曲面质量要求较高的物体的参数化逆向设计，可构建高质量的曲面。

6）参数转化模块

此模块的主要作用是将定义的曲面数据发送到其他 CAD 软件中进行参数化修改，包含的主要功能有：

（1）选择数据交换对象，如 UG、Pro/Engineer、CATIA 和 SolidWorks。

（2）选择数据交换类型，如曲面、实体、草图。

2. Geomagic Wrap 软件的工作流程

传统的造型方法采用点—线—面的方式，需要投入大量的建模时间、参与建模的人员要有丰富的建模经验。而采用 Geomagic Wrap 软件进行逆向设计的原理是用许多细小的空间三角片来逼近还原 CAD 实体模型，建模时采用点云—三角网格面—曲面的方式，简单、直观，适用于快速计算和实时显示的领域。但该过程计算量大，计算机配置要求较高。使用 Geomagic Wrap 软件逆向构建模型时，遵循点阶段—多边形阶段—曲面阶段（精确曲面、参数曲面）的工作流程，如图 3-2 所示。

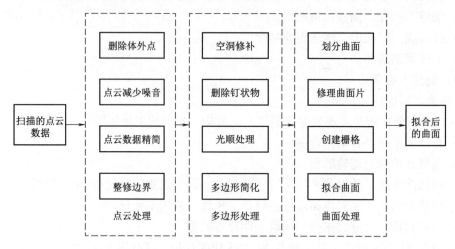

图 3-2 Geomagic wrap 软件的工作流程

二、Geomagic Wrap 软件处理六面体点云数据

下面以六面体点阶段数据处理详细介绍 Geomagic Wrap 2021 软件的操作方法。

1. 点阶段处理

点阶段处理用到的命令有：
（1）"点"→"着色"。
（2）"点"→"选择"→"非连接项"。
（3）"点"→"选择"→"体外孤点"。
（4）"对齐"→"手动注册"。
（5）"对齐"→"全局注册"。
（6）"点"→"合并"。

步骤1：打开点云数据

启动 Geomagic Wrap 软件，单击"开始"下拉菜单中的"打开"命令，系统弹出"打开文件"对话框，选择要打开的文件，选择文件类型为 *.wrp，单击"打开"按钮，视图窗口中显示出我们之前扫描的六面体点云数据，单击"点"菜单下的"着色"图标，将点云进行着色，或者单击菜单栏的"视图"→"颜色"选项，更改模型颜色，便于观察，如图 3-3 所示为一个多视角扫描得到的点云文件。由图可以看到，它不仅包含了大量的扫描数据点，而且有很多不属于产品的背景点。因此，在重构模型之前，需要进行点云数据的处理。

在图 3-3 中可以看到软件用户界面显示了菜单栏、工具条、信息面板、管理器面板、视图窗口等信息。

图 3 - 3 用户界面

菜单栏提供了当前阶段能执行的所有命令。常用的菜单栏有"视图"菜单栏、"选择"菜单栏、"特征"菜单栏、"对齐"菜单栏和"点"菜单栏。

1)"视图"菜单栏

图 3 - 4 所示为"视图"菜单栏，在"视图"菜单栏中，可以对模型颜色进行更改，对模型进行显示和隐藏，可以设置定向视图，可以缩放视图以及对面板进行设置。如图 3 - 5 所示，设置颜色 ID 为 11，模型颜色显示为湖蓝色。

图 3 - 4 视图菜单栏

图 3 - 5 编辑对象颜色

2)"选择"菜单栏

图 3 - 6 所示为"选择"菜单栏，在"选择"菜单栏中，可以对数据的选择方式进行定

制,可以通过矩形、椭圆、画笔、套索等方式进行选择数据。选中的数据显示为红色。图3-7所示为用矩形选择工具对模型进行选择。

图3-6 "选择"菜单栏

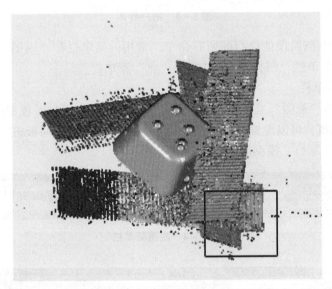

图3-7 "矩形"选择数据

3)"特征"菜单栏

在如图3-8所示的"特征"菜单栏中,可以创建直线、圆、椭圆、矩形、平面、球体、圆柱体等特征。

图3-8 "特征"菜单栏

4)"对齐"菜单栏

在如图3-9所示的"对齐"菜单栏中,只有在导入多个视角点云的情况下才能进行操作,目前导入了6片点云,后续需要对6片点云进行注册对齐。

图 3 – 9　"对齐" 菜单栏

5）"点" 菜单栏

由于目前阶段导入的是点云数据，属于点处理阶段，所以只有"点"菜单栏，如图 3 – 10 所示，没有多边形和曲面相关的菜单栏，封装之后才会显示后面的操作模块，会在后续具体的操作步骤中进行讲解。

图 3 – 10　"点" 菜单栏

步骤 2：对模型进行移动旋转

Geomagic Wrap 2021 软件的操作方式和其他建模软件一样，也是以鼠标为主，键盘为辅。鼠标操作主要用于命令的点选，数据模型的旋转、缩放、平移、对象的选取等。

鼠标的左键、中键、右键分别定义为 MB1、MB2、MB3，常用的操作如下：

1）鼠标左键 MB1

（1）单击：选择用户界面的功能键和激活对象元素；或在对话框里单击上、下箭头来增大或减小该数值。

（2）单击并拖动：激活对象的选中区域。

（3）Ctrl + MB1：取消选择的对象和区域。

（4）Shift + MB1：几个模型同时存在视图窗口时，切换选择模型，激活模型。

2）鼠标中键 MB2

（1）滚动：将光标放在视窗中的任一部分，可对视图进行缩放；将光标放在数值栏里，可增大或缩小数值。

（2）单击并拖动：在视窗中，可进行视图的旋转。

（3）Ctrl + MB2：激活多个对象。

（4）Alt + MB2：平移。

3）鼠标右键 MB3

（1）单击：在视图空白区域单击可获得快捷菜单，包含一些使用频繁的命令。

（2）Ctrl + MB3：旋转。

（3）Alt + MB3：平移。

（4）Shift + MB3：缩放。

步骤 3：对模型进行显示隐藏

目前在视图窗口中，显示了多片点云，当需要对单片点云进行处理时，需要将其他的点云进行隐藏。

管理器面板包含"模型管理器""显示""对话框"三个管理选项。如果该面板中的选项不小心被删除，可以通过单击菜单栏中的"视图"→"面板显示"命令，在下拉菜单中勾选"模型管理器""显示""对话框"复选框，如图3-11所示，即可再显示管理器面板。

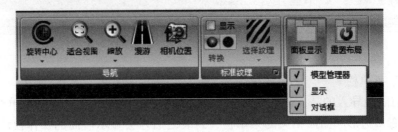

图3-11　面板显示

"模型管理器"选项卡用于显示文件数目和文件类型，单击右键还可以对模型进行显示、隐藏、重命名、钉住、忽略、创建组等操作，如图3-12所示。

"显示"选项卡用于控制对象的显示，便于观察，如图3-13所示。"常规"组包括全局坐标系、坐标轴指示器、边界框、透明等选项的设置。通过勾选"透明"复选框，可以通过拖动滑动条改变数据模型的透明度。"视图剪切"复选框可以显示视图的截面形状。"几何图形显示"组，可以通过勾选点、背面、边界、纹理、对象颜色等，更改模型的显示。"光源"组可以设置光线主题、环境、亮度和反射率。

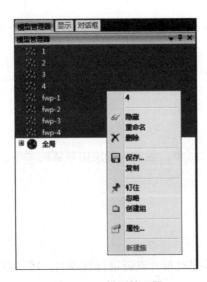

图3-12　模型管理器　　　　　　　图3-13　显示选项卡

步骤4：删除无关的数据点

在模型管理器中只显示一个视角的模型数据，其他点云数据隐藏。首先要删除远离零件的背景杂点，这些点称为非连接项，单击"点"→"修补"→"选择"按钮下面的小三角，单击"非连接项"选项，此时视图显示区域中有部分点云被选中，并显示为红色，如图3-14所示，单击"确定"按钮，退出选择非连接项对话框，再单击"点"→"修补"→"删除"按钮或者按键盘上的"Delete"键，把选中的点云删除。

然后单击"点"→"修补"→"选择"→"体外孤点"→"应用"命令，此时视图显示区域中有部分点云被选中，并显示为红色，如图3-15所示，单击"确定"按钮，退出选择体外孤点对话框，再单击"点"→"修补"→"删除"按钮或者按键盘上的"Delete"键，把选中的点云删除。将由于扫描设备的数据转换而造成的干扰点删除。

图3-14　删除非连接项　　　　　　　　图3-15　删除体外孤点

步骤5：手动删除多余点云

由于扫描设备的技术限制以及扫描环境的影响，不可避免地带来多余的点云或噪点，用删除"非连接项"、删除"体外孤点"命令删除不掉的点云，可以手动进行删除。

单击菜单栏中的"选择"→"选择工具"→"套索"命令，选择模型主体以外部分的多余点云，如图3-16所示，并单击"删除"按钮或者按键盘上的"Delete"键。

当选错点云之后，可以用"Ctrl"+鼠标左键取消选择区域，或者在视图窗口中单击鼠标右键，在弹出的菜单中单击"全部不选"或者"反转选区"选项，如图3-17所示。

　　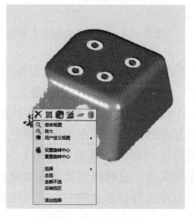

图3-16　手动选择点云　　　　　　　图3-17　取消选择

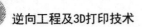
用同样的方法将其他几片点云数据进行删除处理。全部处理完的数据如图 3 – 18 所示。

步骤 6：手动注册不同视角点云

将鼠标放在"模型管理器"中的点云数据 1 上，同时按下"Shift"键，单击鼠标左键，同时选中点云数据 1 和 2，切换到"对齐"菜单栏，单击"手动注册"命令，这时在模型管理器面板中弹出"手动注册"对话框，如图 3 – 19 所示。

图 3 – 18　删除多余点云之后的模型

图 3 – 19　"手动注册"对话框

"手动注册"命令是将多片目标点云进行注册合并的操作。在"手动注册"对话框中的"模式"选项卡下选择"n 点注册"，"定义集合"组，可以人为地选择一个模型"浮动"，另外一个模型"固定"，本次案例中选择"1"点云固定，"2"点云浮动。"固定"的点云以红色加亮的方式显示在工作区域中，"浮动"的点云以绿色显示在工作区域中。

然后在"固定"模型上选择 3 个点，并在"浮动"模型上选择与之相对应的 3 个点，一定是公共点，这样模型就会叠加重合在一起。本次模型中有很多个标志点，在选择公共点时可以直接选择标志点的中心进行注册对齐操作，如图 3 – 20 所示。

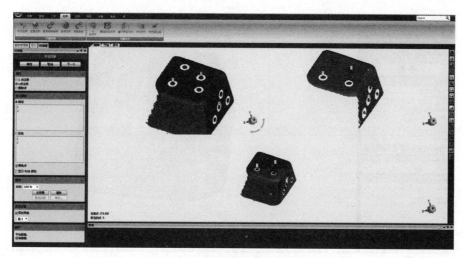

图 3 - 20 公共点的选取

选择完 3 个公共点以后，在下面的窗口中会显示两个模型对齐之后的效果图，如果重叠效果好，单击注册器，浮动的模型将根据所选择的公共部分对固定模型进行复合计算。如果两个模型离得很远或者点选择错误，单击"取消注册"按钮，然后重新选择注册点进行注册对齐。单击"确定"按钮完成两片点云的注册。

返回到模型管理器面板，可以看到此时模型管理器下多了一个"组 1"，如图 3 - 21 所示。下面需要将其他的点云数据也都注册到"组 1"的结构树下。

将鼠标放在"模型管理器"中的"组 1"上，同时按下"Shift"键，单击鼠标左键，同时选中组 1 和 3，切换到"对齐"菜单栏，单击"手动注册"按钮，重复以上的操作完成其他点云的注册对齐。图 3 - 22 所示为完成手动注册后的数据模型。

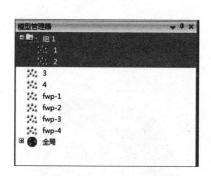

图 3 - 21 模型管理器的模型树

图 3 - 22 手动注册后的数据模型

步骤 7：全局注册

手动注册只是初始对齐，还会存在一些偏差，利用"全局注册"可以对初始拼接后的点云数据进行精细拼接。

单击"对齐"→"全局注册"命令，弹出"全局注册"对话框，如图 3 - 23 所示，采用默认设置，单击"应用"按钮，此时软件正在对初始对齐模型重新计算，进一步减少误差。计算结束后，会在对话框中显示偏差统计结果。单击"确定"按钮，接受当前的注册对齐结果，并退出对话框。

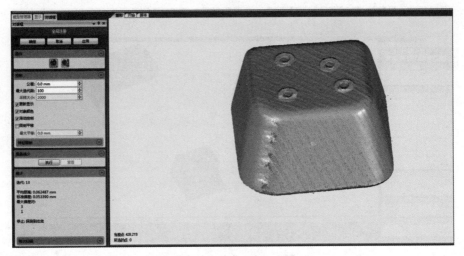

图 3 – 23 "全局注册"对话框

步骤 8：合并数据

单击菜单栏"点"→"联合"→"合并"命令，弹出"合并点"对话框，如图 3 – 24 所示，将局部噪音减低设置为"中间"，全局噪音减少设置为"自动"，勾选"全局注册""保持原始数据""删除小组件"复选框，执行 – 质量设置到最大，最大三角形数为 2500000，单击"确定"按钮，可以看到模型管理器中多了一个"合并"文件，文件类型为多边形，在菜单栏最后一个菜单变成"多边形"，表明此时进入多边形阶段。视图窗口中的模型如图 3 – 25 所示。

图 3 – 24 "合并点"对话框

图 3 – 25 合并后的模型

2. 多边形阶段

多边形阶段用到的命令有：

（1）"多边形"→"填充孔"→"填充单个孔"命令。

（2）"多边形"→"去除特征"命令。

（3）"多边形"→"网格医生"命令。

（4）"多边形"→"减少噪音"命令。

步骤1：填充孔

进入多边形阶段之后，发现模型有很多孔洞，需要
将孔洞进行填充。

单击"多边形"→"填充孔"→"填充单个孔"
命令，填充类型选择"平面填充"，选择六面体表面的8
个孔，再切换到"曲率填充"，选择底部的大缺口，逐
一进行填充。填充之后的效果如图3-26所示。

图3-26　填充孔后的模型

步骤2：去除特征

填充孔之后，发现表面还不是很平整，有很多凹坑和凸起，如图3-27（a）所示。

选中需要删除的凸起或凹坑，单击"多边形"→"修补"→"去除特征"命令，去除
特征之后的效果如图3-27（b）所示。

（a）　　　　　　　　　　　　　　　　　（b）

图3-27　去除特征前后的模型对比

（a）去除特征前；（b）去除特征后

步骤3：网格医生

最后用"网格医生"修复一下模型，网格医生操作类型有"自动修复""删除钉状物"
"清除""去除特征""填充孔"几种类型。

单击"多边形"→"网格医生"命令，弹出"网格医生"对话框，如图3-28所示，
操作类型选择自动修复，显示有11个高度折射边，132个钉状物，单击"确定"按钮，自
动修复模型的缺陷。网格医生修复后的模型如图3-29所示。

步骤4：减少噪音

模型修复后，表面还比较粗糙。单击"多边形"→"减少噪音"命令，弹出如图3-30
所示的对话框，在"参数"选项卡选择"棱柱形（积极）"，平滑度水平设置为中等，迭代
次数设置为"3"，偏差限制设置为"0.05"，单击"应用"按钮，软件对模型进行降噪处
理，如图3-31所示为最终处理好的模型。

图 3-28 "网格医生"对话框

图 3-29 修复后的模型

图 3-30 "减少噪音"对话框

图 3-31 最终处理好的模型

步骤 5：保存数据

点云数据全部处理完成之后，单击"文件"→"另存为"命令，选择文件格式为 .STL，为后续重构模型做准备。

✓ **任务评价**

评价项目	分 值	得 分
完成杂点删除	20分	
完成模型显示和隐藏操作	10分	
完成多片点云注册对齐操作	30分	
完成数据合并封装	10分	
完成表面特征去除	10分	
整个模型表面光滑完整无破洞	20分	

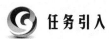 **课后思考**

1. Geomagic Wrap 软件的基本功能有哪些？
2. Geomagic Wrap 点阶段常用的命令有哪些？
3. 如何将多片点云进行对齐？

拓展任务

熟悉 Geomagic Wrap 软件的基本操作。

曲面零件逆向数据处理

任务二　曲面零件逆向数据处理——以鼠标为例

任务引入

客户对扫描的如图 3-32 所示的鼠标点云数据有点不满意，觉得缺失了一部分数据，你能否利用软件将缺失的数据进行填补呢？

图 3-32　鼠标点云数据

 任务分析

本次任务通过对如图 3-32 所示的鼠标点云的数据进行处理，进一步掌握 Geomagic Wrap 软件的点阶段和多边形阶段的基本操作。鼠标是一个自由曲面比较多的产品，零件表面特征较少而产品对称，但是数据缺失一部分。本次任务的重点是对缺失的点云数据进行填补，主要分为两个阶段进行：点阶段数据处理和多边形阶段数据处理。

学习目标

知识目标：

1. 掌握点阶段和多边形阶段的基本命令；
2. 掌握多视角点云数据对齐的命令；
3. 掌握曲面零件数据处理的基本操作流程。

技能目标：

1. 具备曲面零件数据处理的能力；
2. 具备多视角点云数据对齐的能力。

素养目标：

1. 培养学生分析问题、解决问题的能力；
2. 培养学生团队协作的能力。

知识链接

1. Geomagic Wrap 软件的工作流程

使用 Geomagic Wrap 软件逆向构建模型时，遵循点阶段—多边形阶段—曲面阶段（精确曲面、参数曲面）的工作流程。

2. 手动注册

"手动注册"命令是用于对目标点云进行注册合并的操作，一般情况下采用"n 点注册"，对操作人员要求比较低，而注册精度却比较高。

3. 全局注册

全局注册主要用于对之前注册的对象重新进行定位。

4. 封装

对于多视角点云的封装，除了可以用"合并"命令外，还可以用"联合点对象"命令，将点云先合并成一片点云，再用"封装"命令将联合点云封装成三角形。

5. 搭桥填充

"填充孔"命令有三种填充方式：曲率填充、切线填充、平面填充。除此之外还可以根据破孔的边界条件分为内部孔填充、边界孔填充和搭桥填充。搭桥填充通过生成跨越孔的桥梁将长窄孔或者曲率变化比较大的孔分割成多个更小的孔，以便准确地进行填充。

6. 砂纸打磨

"砂纸"命令主要使用自由手绘工具对局部细节进行光滑处理，可以通过去除五点以及不规则的三角形网格使得局部多边形变得更加平滑。

7. 简化多边形

"简化多边形"命令主要通过减少三角形的个数，以提高数据处理的速度和效率。

8. 网格医生

"网格医生"命令主要用于自动修复模型中的自相交、钉状物、小组件、小孔等错误的数据。

任务实施

下面以六面体点阶段数据处理详细介绍 Geomagic Wrap 2021 软件的操作方法。本次点云模型为多视角点云数据，模型结构简单，数据处理的重点在于多视角点云的注册对齐。

一、点阶段数据处理

本阶段用到的命令主要有：

（1）"点"→"着色"命令。

（2）"点"→"选择"→"非连接项"命令。

（3）"点"→"选择"→"体外孤点"命令。

（4）"对齐"→"手动注册"命令。

（5）"对齐"→"全局注册"命令。

（6）"点"→"联合点对象"命令。

（7）"点"→"封装"命令。

步骤 1：打开点云数据

启动 Geomagic Wrap 软件，单击"开始"下拉菜单中的"打开"命令，系统弹出"打开文件"对话框，选择要打开的文件，单击"打开"命令，视图窗口中显示出我们之前扫描的鼠标点云数据，如图 3 – 33 所示。

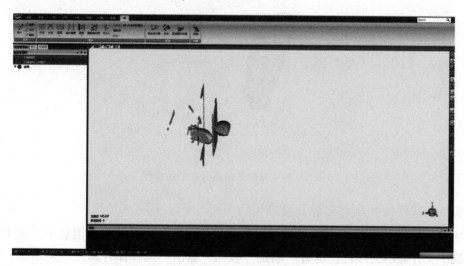

图 3 – 33 导入点云

步骤 2：删除无关的数据点

在模型管理器中只显示一个视角的模型数据（如只显示"扫描侧面"），单击鼠标右键，选择隐藏，将其他点云数据隐藏，如图 3 – 34 所示。利用视角的旋转、缩放等命令，从不同的视角进行观察，利用选择工具中的"套索"或者"画笔"选择无关的数据，再单击工具栏中的"×"或者按键盘上的"Delete"键进行删除。删除无关数据点的点云，如图 3 – 35 所示。

用同样的方法将其他点云数据进行删除处理。全部处理完的数据如图 3 – 36 所示。

图 3-34 鼠标侧面点云

图 3-35 手动选择点云

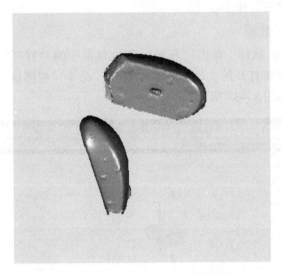

图 3-36 删除多余点云之后的模型

步骤 3：删除体外孤点和非连接项

单击"点"→"选择"→"体外孤点"→"应用"命令，此时视图显示区域中有部分点云被选中，并显示为红色，单击"确定"按钮，退出"选择体外孤点"对话框，再单击"点"→"删除"按钮或者按键盘上的"Delete"键，把选中的点云删除。

步骤 4：手动注册不同视角点云

将鼠标放在"模型管理器"中的一片点云上，同时按下"Shift"键，单击鼠标左键，同时选中两片点云数据，切换到"对齐"菜单栏，单击"手动注册"按钮，这时在模型管理器面板中弹出"手动注册"对话框，如图 3-37 所示。

"手动注册"命令是将多片目标点云进行注册合并的操作。在手动注册对话框中的"模式"选项卡下选择"n 点注册"，"定义集合"组，可以人为地选择一个模型"浮动"，另外一个模型"固定"，"固定"的点云以红色加亮的方式显示在工作区域中，"浮动"的点云以绿色显示在工作区域中。

图 3-37 "手动注册"对话框

然后在"固定"模型上选择 3 个点，并在"浮动"模型上选择与之相对应的 3 个点，一定是公共点，这样模型就会叠加重合在一起。本次模型中有很多个标志点，在选择公共点时可以直接选择标志点的中心进行注册对齐操作，如图 3-38 所示。

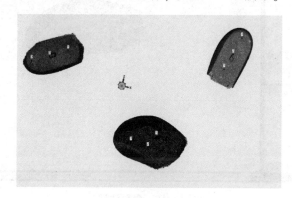

图 3-38 公共点的选取

选择完 3 个公共点后，在下面的窗口中会显示两个模型对齐之后的效果图，如果重叠效果好，单击"注册器"按钮，浮动的模型将根据所选择的公共部分对固定模型进行复合计算。如果两个模型离得很远或者点选择错误，单击"取消注册"按钮，然后重新选择注册点进行注册对齐。单击"确定"按钮完成两片点云的注册。

图 3-39 所示为完成手动注册后的数据模型。

返回到模型管理器面板，可以看到此时模型管理器下多了一个"组 1"，如图 3-40 所示。下面需要将其他点云数据也都注册到"组 1"的结构树下。

图 3-39 手动注册后的数据模型

图 3-40 模型管理器的模型树

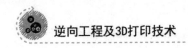

步骤5：全局注册

手动注册只是初始对齐，还会存在一些偏差，利用"全局注册"可以对初始拼接后的点云数据进行精细拼接。

单击"对齐"→"全局注册"命令，弹出"全局注册"对话框，如图3-41所示，采用默认设置，单击"应用"按钮，此时软件正在对初始对齐模型重新计算，进一步减少误差。计算结束后，单击"操作"组下的分析，单击"计算"命令，会在对话框中显示偏差统计结果，并以色谱图的形式显示在右侧。单击"确定"命令，接受当前的注册对齐结果，并退出对话框。

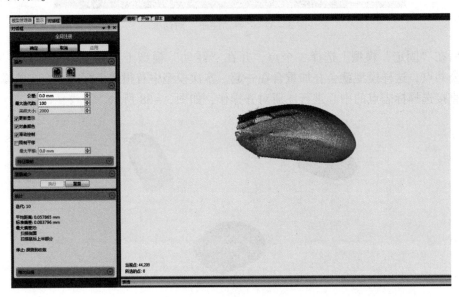

图3-41 全局注册

步骤6：封装数据

单击菜单栏"点"→"联合点对象"命令，弹出"联合点对象"对话框，如图3-42所示，勾选"双精度"复选框，单击"应用"按钮，可以看到模型管理器中只有一个"复合点1"文件，文件类型为点云，再点击"点"→"封装"命令，在封装对话框中勾选"保持原始数据"、"删除小组件"复选框，其他的选择默认，单击"确定"按钮，在菜单栏最后一个菜单变成"多边形"，表明此时进入多边形阶段。视图窗口中的模型如图3-43所示。

图3-42 "联合点对象"对话框

图3-43 封装后的模型

二、多边形阶段数据处理

本阶段用到的命令有：

（1）"多边形"→"网格医生"命令。

（2）"多边形"→"流形"→"闭流形"命令。

（3）"多边形"→"填充孔"→"填充单个孔"命令。

（4）"多边形"→"去除特征"命令。

（5）"多边形"→"砂纸"命令。

（6）"多边形"→"简化"命令。

步骤 1：网格医生

在进入多边形阶段后，菜单栏中多了一个"多边形"菜单栏，单击"多边形"菜单栏下的"网格医生"按钮，开始多边形阶段数据处理。

单击"多边形"→"网格医生"命令，系统弹出如图 3 - 44 所示的对话框，在对话框中，对模型的非流形边、自相交、高度折射边、钉状物、小组件、小孔等进行自动捕捉，本次案例中，数据比较杂乱，有 10 个自相交、27 个高度折射边、502 个钉状物，由于每个人在点阶段处理时，对齐误差略有不同，会造成数据有些差别，单击"应用"按钮，系统将对以上问题进行自动修复。再单击"确定"按钮，退出对话框。

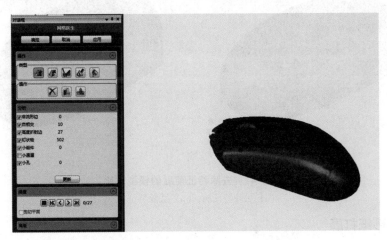

图 3 - 44　"网格医生"对话框

步骤 2：填充孔

网格医生诊断之后，发现模型还有一个大孔洞，需要将孔洞进行填充。

在填充如图 3 - 45 所示的孔洞时，需要将孔周围翻起的三角形进行删除，要不然会影响孔的填充。然后单击"多边形"→"填充孔"→"搭桥"命令，选择需要填充的缺口的一端，然后将鼠标拖至孔的另一端点，松开就创建了一个桥梁，将一个大缺口分为两个小缺口，继续使用"搭桥填充"，重复以上操作，将大缺口变成无数个小缺口，搭桥填充之后的效果如图 3 - 46 所示。然后用"内部孔"逐一进行填充。

步骤 3：创建闭流形

单击"多边形"→"流形"→"闭流形"命令，由于多边形模型是封闭的，系统自动从封闭的对象中删除非流形的三角形。

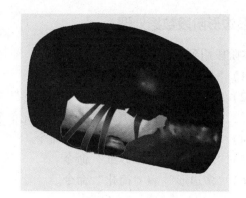

图 3 – 45　需要填充的孔洞　　　　　　图 3 – 46　搭桥填充孔后的模型

步骤 4：去除特征

填充孔之后，发现表面还不是很平整，有很多凹坑和凸起，是扫描标志点留下的痕迹，如图 3 – 47（a）所示。选中需要删除的凸起或凹坑，单击"多边形"→"修补"→"去除特征"命令，去除特征之后的效果如图 3 – 47（b）所示。

（a）　　　　　　　　　　　　　　　　　（b）

图 3 – 47　去除特征前后的模型对比

（a）去除特征前；（b）去除特征后

步骤 5：砂纸打磨

单击"多边形"→"砂纸"命令，弹出如图 3 – 48 所示的对话框，选择"松弛"操作模式，将强度设置为中间值 5，勾选"固定边界"选项，按住鼠标左键，拖动鼠标可以对需要打磨的地方进行打磨，直到满意为止。砂纸打磨一般用于局部需要光滑的部位。

图 3 – 48　砂纸打磨

步骤6：简化多边形

通过以上一系列操作之后，模型由58 034个三角形组成，数据量比较大，需要将三角形数量进行缩减，缩短数据处理的时间。

单击"多边形"→"简化"命令，弹出如图3-49所示的简化对话框，"减少模式"选择"三角形计数"，"减少到百分比"设置为80%，勾选"固定边界"复选框，单击高级选项卡，勾选"曲率优先"，单击"应用"按钮，此时在视图窗口左下角的信息面板处能看到三角形数目已经减少到46 427个。

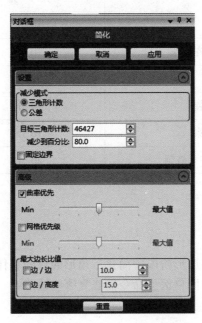

图3-49　简化多边形

步骤7：网格医生

最后用"网格医生"修复一下模型，网格医生操作类型有"自动修复""删除钉状物""清除""去除特征""填充孔"几种类型。

单击"多边形"→"网格医生"命令，弹出"网格医生"对话框，如图3-50所示，操作类型选择自动修复，显示有5个高度折射边，9个钉状物，单击"确定"按钮，自动修复模型的缺陷。网格医生修复后的模型如图3-51所示。

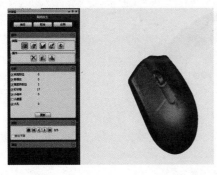

图3-50　网格医生修复模型

图3-51　最终处理好的模型

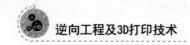
步骤8：保存数据

点云数据全部处理完成之后，单击"文件"→"另存为"命令，选择文件格式为.STL，为后续重构模型做准备。

任务评价

评价项目	分　　值	得　　分
完成杂点删除	10 分	
完成多片点云注册对齐操作	30 分	
完成孔的填充	20 分	
完成数据合并封装	10 分	
完成表面特征去除	10 分	
整个模型表面光滑完整无破洞	20 分	

课后思考

1. Geomagic Wrap 软件多边形阶段中简化三角形的目的是什么？
2. Geomagic Wrap 软件中网格医生命令能修复哪些缺陷？

拓展任务

利用 Geomagic Wrap 软件对如图 3 – 52 所示拓展任务的鼠标进行数据处理。（原始数据见资源包）

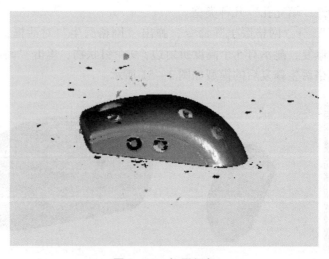

图 3 – 52　拓展任务

任务三　钣金零件逆向数据处理——以汽车连接件为例

任务引入

钣金零件逆向
数据处理

汽车厂家对扫描出来的如图 3-53 所示的点云数据非常满意，但是客户想要片体数据，尤其是孔的数据，能否通过技术手段获得光滑的边界？

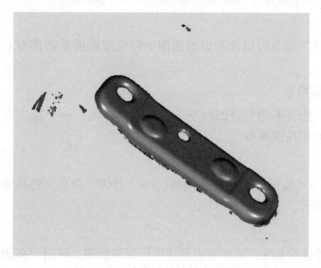

图 3-53　汽车连接件的点云数据

任务分析

汽车连接件是汽车行业中常用的一个产品，属于钣金类产品，尺寸精度要求不高。本次任务需要处理的数据属于单片点云数据，外形光滑，有通孔，边界线不够平滑，所以本次任务的重点是应用 Geomagic Wrap 软件对边界线和孔进行处理，主要分为两个阶段进行：点阶段数据处理和多边形阶段数据处理。

学习目标

知识目标：

1. 掌握点阶段常用的命令；

2. 掌握多边形阶段拟合孔、编辑边界命令。

3. 掌握钣金类零件数据处理的基本操作流程。

技能目标：

1. 具备钣金类零件数据处理的能力；

2. 具备数据模型边界线处理的能力。

素养目标：

1. 培养学生分析问题、解决问题的能力；

2. 培养学生团队协作的能力。

知 识 链 接

1. 减少噪音

在扫描或数字化过程中，噪音点经常被扫描到数据中，呈现粗糙的非均匀外表，这些数据被看成是噪声数据，造成此类情况的原因可能是扫描设备的轻微振动、扫描仪测量误差或较差的实物表面造成的，"减少噪音"的目的是将点一致地统计到正确位置，以弥补扫描仪误差，这样点的排列会更平滑，因而更好地表现真实的物体形状。

2. 采样

使用"统一采样"命令可以使平坦的曲面上以规定密度重新排布点云，使得点云更加均匀一致。

3. 创建/拟合圆特征

产品模型上的孔边界不均匀且凹凸不平，利用"特征"→"圆"命令，将提取圆特征提取出来，为后续剪切孔做准备。

4. 创建孔

利用"特征"→"编辑"→"修改网格"→"剪切"命令，将提取出来的圆对实体做剪切，得到规则的圆孔。

5. 编辑边界

产品模型外边界线不平滑，需要对边界线进行编辑处理，利用"多边形"→"边界"→"修改"命令，采用部分边界和整个边界修改对产品边界进行光滑。

6. 松弛多边形

模型表面不够平滑，利用"多边形"→"松弛"命令，调整三角形的抗皱夹角，使三角形更加光滑和平坦。

7. 砂纸打磨

"砂纸"命令主要使用自由手绘工具对局部细节进行光滑处理，可以通过去除五点以及不规则的三角形网格使得局部多边形变得更加平滑。

8. 简化多边形

"简化多边形"命令主要通过减少三角形的个数，以提高数据处理的速度和效率。

9. 网格医生

"网格医生"命令主要用于自动修复模型中的自相交、钉状物、小组件、小孔等错误的数据。

任 务 实 施

一、点阶段数据处理

本阶段用到的命令如下：

(1)"点"→"着色"命令。

(2)"点"→"减少噪音"命令。

（3）"点"→"选择"→"非连接项"命令。

（4）"点"→"选择"→"体外孤点"命令。

（5）"点"→"采样"→"统一"命令。

（6）"点"→"封装"命令。

步骤1：导入点云数据

启动 Geomagic Wrap 软件，单击"开始"下拉菜单中的"打开"命令，系统弹出"打开文件"对话框，选择要打开的文件，选择文件类型为 *.asc，单击"打开"按钮，视图窗口中显示出我们之前扫描的点云数据，单击"点"菜单下的"着色"图标，将点云进行着色，便于观察，如图3-54所示为扫描得到的点云文件，由图可以看到，它不仅包含了大量扫描件的点云数据，而且有不属于产品本身的体外点、噪声点。因此，在重构模型之前，需要进行点云数据的处理。接下来的任务需要将杂乱无序的点云处理并封装成一个多边形对象。

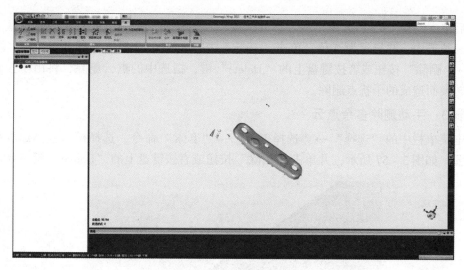

图3-54 点云数据导入

步骤2：删除非连接项、删除体外孤点

首先要删除远离零件的背景杂点，这些点称为非连接项，单击"点"→"选择"按钮下面的小三角，单击"非连接项"选项，如图3-55所示。

图3-55 删除非连接项、删除体外孤点菜单栏

此时视图显示区域中有部分点云被选中，并显示为红色，如图3-56所示，单击"确定"按钮，退出"选择非连接项"对话框，再单击"点"→"删除"按钮或者按键盘上的"Delete"键，把选中的点云删除。

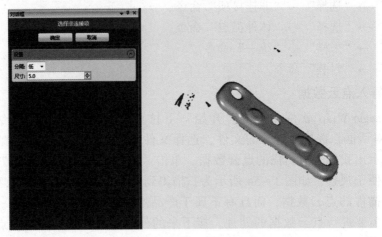

图 3-56　删除非连接项

然后单击"点"→"选择"→"体外孤点"→"应用"命令,此时视图显示区域中有部分点云被选中,并显示为红色,单击"确定"按钮,退出选择体外孤点对话框,再单击"点"→"删除"按钮或者按键盘上的"Delete"键,把选中的点云删除,将由于扫描设备的数据转换而造成的干扰点删除。

步骤3:手动删除多余点云

单击菜单栏中的"选择"→"选择工具"→"套索"命令,选择模型主体以外部分的多余点云,如图 3-57 所示,并单击"删除"按钮或者按键盘上的"Delete"键。

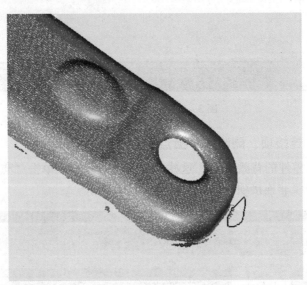

图 3-57　手动删除点云

步骤4:减少噪音

单击"点"→"减少噪音"命令,弹出如图 3-58 所示的对话框,在对话框中,选择"自由曲面形状","平滑度水平"设置到中间,"迭代"设置为2,其他为默认,单击"应用"按钮,再单击"确定"按钮,退出对话框。此时的点云数据比较均匀。

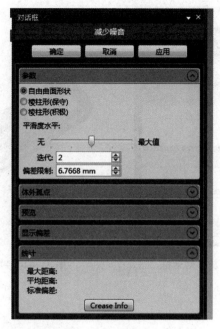

图 3 – 58 "减少噪音"对话框

步骤 5：采样

单击"点"→"采样"→"统一"命令，弹出如图 3 – 59 所示的"统一采样"对话框，在对话框中，选择"绝对"，定义间距为 0.5 mm，单击"应用"按钮，进行采样，然后单击"确定"按钮，退出对话框。

此时点云数据就比较有序且无杂点了，如图 3 – 60 所示。

图 3 – 59 "统一采样"对话框

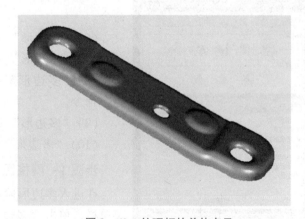

图 3 – 60 处理好的单片点云

步骤 6：封装

单击"点"→"封装"命令，弹出如图 3 – 61 所示的封装对话框，采用默认设置。封装之后点云数据就按照所设定的参数转化为多边形模型，如图 3 – 62 所示。

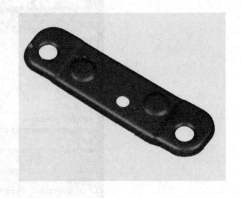

图 3-61 "封装"对话框　　　　图 3-62 封装后的数据模型

二、多边形阶段数据处理

点云数据经过封装处理后,进入多边形阶段,但是直接生成的多边形还不能满足使用要求,需要对多边形进行修补。

本阶段用到的命令有:

(1)"多边形"→"网格医生"命令。

(2)"多边形"→"流形"→"开流形"命令。

(3)"特征"→"圆"命令。

(4)"多边形"→"填充孔"→"填充单个孔"命令。

(5)"特征"→"编辑"→"修改网格"→"剪切"命令。

(6)"多边形"→"砂纸"命令。

(7)"多边形"→"去除特征"命令。

(8)"多边形"→"边界"→"修改"→"编辑边界"命令。

(9)"多边形"→"简化"命令。

(10)"多边形"→"松弛"命令。

步骤 1:网格医生

在进入多边形阶段后,菜单栏中多了一个"多边形"菜单栏,单击"多边形"菜单栏下的"网格医生"按钮,开始多边形阶段数据处理。

单击"多边形"→"网格医生"命令,系统弹出如图 3-63 所示的对话框,在对话框中,对模型的非流形边、自相交、高度折射边、钉状物、小组件、小孔等进行自动捕捉,本次案例中,数据比较完整,只有 5 个钉状物,单

图 3-63 "网格医生"对话框

击"应用"按钮，系统将对以上问题进行自动修复。再单击"确定"按钮，退出对话框。

步骤2：创建开流形

当多边形模型是片状而不封闭时，可以创建一个打开的流形。

单击"多边形"→"流形"→"开流形"命令，系统自动从开放的对象中删除非流形的三角形。

步骤3：创建/拟合圆特征

如图3-64所示的模型，可以看到模型上的孔的边界不均匀且凹凸不平，可以将圆特征提取出来，为后续做剪切孔做准备。单击"特征"→"圆"工具栏，在弹出的下拉菜单中选择"实际边界"选项，弹出如图3-65所示的"创建圆"对话框，定义边界为"内部孔"，单击需要创建的圆的边界，这时在模型中显示已经创建出一个"圆1"，单击"应用"按钮，一个圆特征就创建成功了，用同样的方法创建其他两个圆。图3-66所示为创建好的三个圆特征。

图3-64　创建孔之前的模型

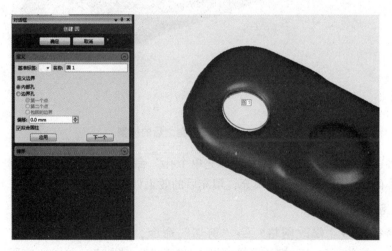

图3-65　"创建圆"对话框及创建圆特征

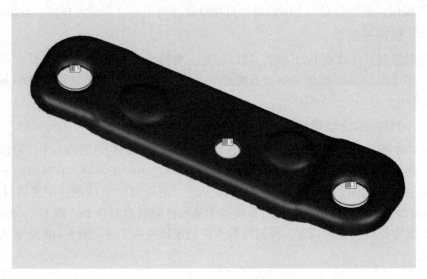

图 3 - 66 创建圆特征之后的模型

步骤 4：删除并填充孔

创建圆特征后，需要把原来的孔进行填充，由于原模型的孔是带圆角的，并且是不规则的边界，需要把圆角和边界删掉，单击"选择"→"选择工具"→"套索"命令，选择三个孔周围的圆角部分，然后单击"删除"命令，再用"网格医生"命令将多余没有删除干净的多边形进行删除，如图 3 - 67 所示为删除圆角部分之后的模型。

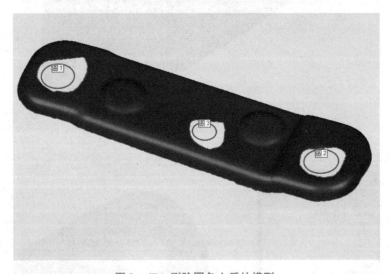

图 3 - 67 删除圆角之后的模型

单击"多边形"→"填充孔"→"填充单个孔"命令，选择三个不规则空洞，后边复选框选择"平面""内部孔"进行填充，填充后的效果如图 3 - 68 所示。

步骤 5：创建孔

单击"特征"→"修改网格"→"剪切"命令，弹出"按特征剪切"对话框，如图 3 - 69 所示，按住"Shift"键，选择"圆 1""圆 2""圆 3"，单击"应用"按钮，剪切结果如图 3 - 70 所示。

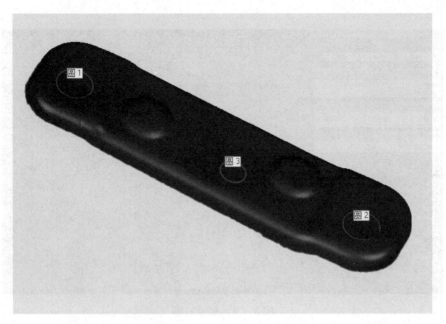

图 3 - 68　填充孔后的模型

图 3 - 69　"按特征剪切"对话框

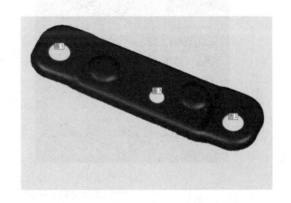

图 3 - 70　剪切后的孔

步骤 6：砂纸打磨和去除特征

模型表面还有一部分不光滑的数据，可以执行"砂纸"和"去除特征"命令，进行表面光滑处理。

单击"多边形"→"砂纸"命令，弹出如图 3 - 71 所示的对话框，选择"松弛"操作模式，将强度设置为中间值 5，勾选"固定边界"复选框，按住鼠标左键，拖动鼠标可以对需要打磨的地方进行打磨，直到满意为止。砂纸打磨一般用于局部需要光滑的部位。

执行"去除特征"命令前，需要先选中需要去除的特征，再单击"多边形"→"去除特征"命令，图 3 - 72 所示为去除特征前后的效果对比。

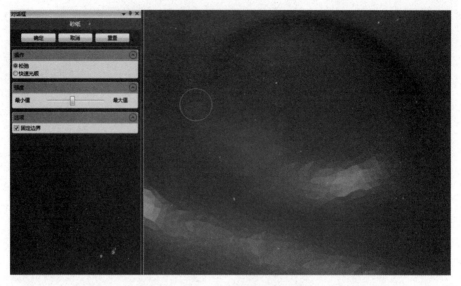

图 3 – 71　砂纸打磨

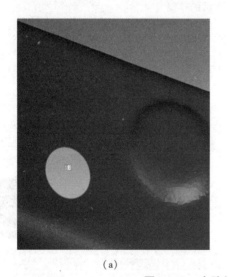 

（a）　　　　　　　　　　　　　　　　　　　　　　　　（b）

图 3 – 72　去除特征前后的效果对比

（a）去除特征前；（b）去除特征后

步骤 7：编辑边界

单击"多边形"→"边界"→"修改"命令，在其下拉菜单中单击"编辑边界"按钮，如图 3 – 73 所示，先采用"部分边界"命令，第一个点和第二个点选择需要修改的边界的两个端点，第三个点选取包含需要编辑的边界部分，此时选中的边界会变成白色，将控制点数设置为"5"，张力增加到"0.15"，单击"执行"按钮，此时视图区域可以看到编辑过的边界变得平滑了。

用同样的方法将其他没有修改的部分边界一一修改，最后在该对话框上选择"整个边界"，在视图窗口中选择模型的外边界，控制点数改为"40"，单击"执行"按钮，执行后的边界如图 3 – 74 所示，整个边界变得平整了，单击"确定"命令退出"编辑边界"对话框。

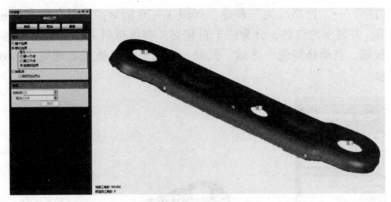

图 3 – 73 "编辑边界"对话框及显示的边界

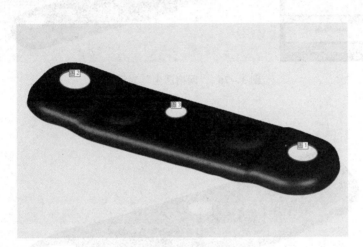

图 3 – 74 编辑后的边界

步骤 8：简化多边形

通过以上一系列操作之后，数据量比较大，需要将三角形数量进行缩减，缩短数据处理的时间。

单击"多边形"→"简化"命令，弹出如图 3 – 75 所示的"简化"对话框，"减少模式"选择"三角形计数"，"减少到百分比"设置为 80%，勾选"固定边界"复选框，点开高级选项卡，勾选"曲率优先"复选框，单击"应用"按钮，此时在视图窗口左下角的信息面板处能看到三角形数目已经减到 80%。

步骤 9：松弛多边形

单击"多边形"→"松弛"按钮，调整三角形的抗皱夹角，使三角形更加光滑和平坦。

步骤 10：网格医生

在进行上述一系列操作后，模型中的三角形可能会受到一些改变，最后再通过"网格医生"命令自动修补模型存在的一些问题。

图 3 – 75 简化多边形

81

单击"多边形"→"网格医生"命令，如图3-76所示，此时在信息面板中看到选中了一部分多边形，并显示为红色，分为位于自相交、高度折射边、钉状物等错误的表达中，单击"应用"按钮，自动修复选中区域。此时，多边形阶段数据处理完成，处理好的数据如图3-77所示。

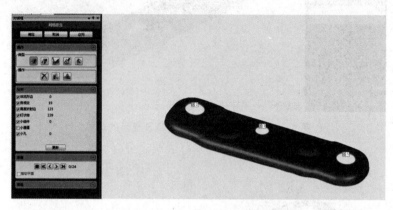

图3-76 "网格医生"对话框

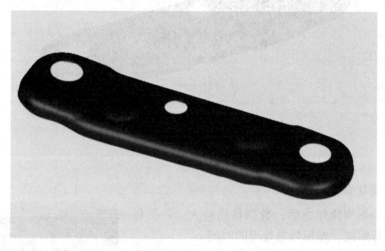

图3-77 处理好的数据

步骤11：保存数据

点云数据全部处理完成后，单击"文件"→"另存为"命令，选择文件格式为.STL，为后续重构模型做准备。

✅ 任务评价

评价项目	分　值	得　分
完成杂点删除	5分	
完成采样操作	5分	
完成封装操作	10分	

评价项目	分 值	得 分
创建圆特征	15 分	
创建孔特征	15 分	
完成边界的光滑	30 分	
整个模型表面光滑完整无破洞	20 分	

课后思考

1. 点阶段处理中，用"减少噪音"命令时，参数选项中自由曲面、棱柱形各对应什么模型？平滑级别如何设置？

2. 边界处理过程中，张力和控制点如何设置？

拓展任务

练习利用 Geomagic Wrap 软件对如图 3 – 78 所示的零件模型进行数据处理。（原始数据见资源包）

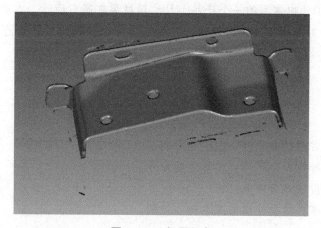

图 3 – 78 拓展任务

任务四 异形零件逆向数据处理——以多孔多面件为例

任务引入

异形零件逆向数据处理

客户对扫描出来的如图 3 – 79 所示的多孔多面产品的扫描精度非常满意，但是本次产品除了对侧面和孔洞有要求外，还对底面的平面度有要求，但是扫描仪对底面没有进行扫描，是不是就属于数据不完整呢？有没有什么别的方法获得底面的数据？

图 3-79   多孔多面件的点云数据

 任务分析

多孔多面件是工业中常用的一个产品，尺寸精度要求高。因此，本次任务的重点是应用 Geomagic Wrap 软件对底面平面进行处理，主要分为两个阶段进行：点阶段数据处理和多边形阶段数据处理。

学习目标

知识目标：

1. 掌握点阶段常用的命令；
2. 掌握多边形阶段拟合平面、投影边界命令；
3. 掌握多边形阶段裁剪命令；
4. 掌握异形类零件数据处理的基本操作流程。

技能目标：

1. 具备异形类零件数据处理的能力；
2. 具备创建平面并裁剪三角形的能力。

素养目标：

1. 培养学生分析问题、解决问题的能力；
2. 培养学生团队协作的能力。

 知识链接

1. 边界孔填充

"填充孔"命令有三种填充方式：曲率填充、切线填充、平面填充。除此之外还可以根据破孔的边界条件分为内部孔填充、边界孔填充和搭桥填充。边界孔填充主要用于边界缺口或者圆周孔不封闭的填充。

2. 创建平面

产品模型上的底面不均匀且凹凸不平，利用"特征"→"平面"命令，将底平面提取出来，创建一个新的平面。

3. 裁剪

利用"平面裁剪"命令可以裁剪掉平面一侧的所有多边形，并且可以有选择地对所裁剪出的形状进行封闭或者不封闭。

4. 投影边界到平面

使用"投影边界到平面"命令可以将一段边界线或者整个边界线投影到指定平面。

5. 松弛多边形

模型表面不够平滑，利用"多边形"→"松弛"命令，调整三角形的抗皱夹角，使三角形更加光滑和平坦。

6. 网格医生

"网格医生"命令主要用于自动修复模型中的自相交、钉状物、小组件、小孔等错误的数据。

任务实施

一、点阶段数据处理

本阶段用到的命令主要有：
(1) "点"→"着色"命令。
(2) "点"→"减少噪音"命令。
(3) "点"→"选择"→"非连接项"命令。
(4) "点"→"选择"→"体外孤点"命令。
(5) "选择"→"选择工具"→"画笔"命令。
(6) "点"→"封装"命令。

步骤1：导入点云数据

启动 Geomagic Wrap 软件，单击"开始"下拉菜单中的"导入"命令，系统弹出"导入文件"对话框，选择要导入的文件，选择文件类型为 ∗.asc，单击"打开"命令，视图窗口中显示出我们之前扫描的点云数据，单击"点"菜单下的"着色"图标，将点云进行着色，便于观察，如图 3-80 所示为多孔多面件的点云。由图可以看到，它不仅包含了大量扫描件的点云数据，而且不属于产品的点云数据。因此，在重构模型之前，需要进行点云数据的处理。接下来的任务需要将杂乱无序的点云处理并封装成一个多边形对象。

步骤2：手动删除多余点云

单击菜单栏中的"选择"→"选择工具"→"画笔"命令，选择模型主体和转台交接部分的点云，如图 3-81 所示，并单击"删除"按钮或者按键盘上的"Delete"键。

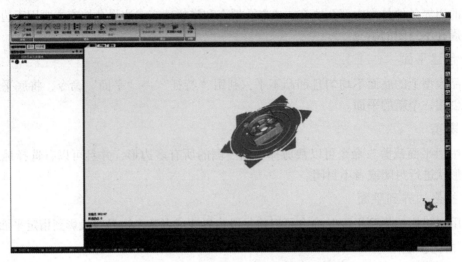

图 3 – 80　点云数据导入

图 3 – 81　删除点云

再单击菜单栏中的"选择"→"选择工具"→"套索"命令,将模型显示为主视图,选择转台部分的点云,如图 3 – 82 所示,并单击"删除"按钮或者按键盘上的"Delete"键。手动删除点云后的结果如图 3 – 83 所示。

图 3 – 82　手动删除转台数据

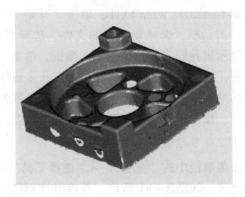

图 3 – 83　手动删除点云结果

步骤3：删除非连接项、删除体外孤点

删除远离零件的背景杂点，这些点称为非连接项，单击"点"→"选择"按钮下面的小三角，单击"非连接项"选项，如图3-84所示。

图3-84　删除非连接项、删除体外孤点菜单栏

此时视图显示区域中有部分点云被选中，并显示为红色，单击"确定"按钮，退出选择非连接项对话框，再单击"点"→"删除"按钮或者按键盘上的"Delete"键，把选中的点云删除。

然后单击"点"→"选择"→"体外孤点"→"应用"按钮，此时视图显示区域中有部分点云被选中，并显示为红色，单击"确定"按钮，退出选择体外孤点对话框，再单击"点"→"删除"按钮或者按键盘上的"Delete"键，把选中的点云删除，将由于扫描设备的数据转换而造成的干扰点删除了。

步骤4：减少噪音

单击"点"→"减少噪音"命令，弹出如图3-85所示的对话框，在对话框中，选择"棱柱形（积极）"，"平滑度水平"设置到中间，"迭代"设置为"3"，偏差控制设置为"0.05 mm"，其他为默认，单击"应用"按钮，再单击"确定"按钮，退出对话框。此时的点云数据比较均匀。

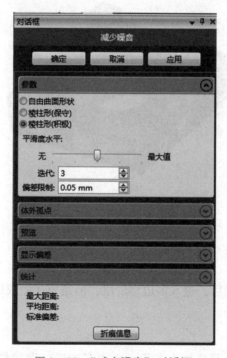

图3-85　"减少噪音"对话框

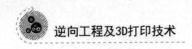

步骤5：采样

单击"点"→"采样"→"统一"命令，在如图3－86所示的对话框中，选择"绝对"选项，定义间距为默认，单击"应用"按钮，进行采样，然后单击"确定"按钮，退出对话框，这时点云数据就比较有序且无杂点了。

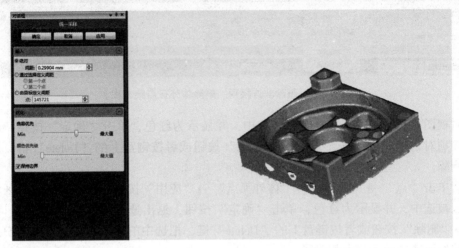

图3－86　采样

步骤6：封装

单击"点"→"封装"命令，弹出"封装"对话框，采用默认设置。封装之后点云数据就按照所设定的参数转化为多边形模型，如图3－87所示。

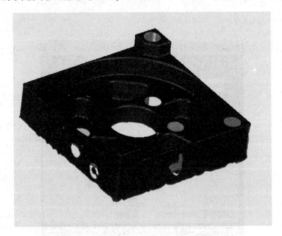

图3－87　封装后的数据模型

二、多边形阶段数据处理

点云数据经过封装处理后，进入多边形阶段，但是直接生成的多边形还不能满足使用要求，需要对多边形进行修补。

步骤1：网格医生

在进入多边形阶段后，菜单栏中多了一个"多边形"菜单栏，单击"多边形"菜单栏下的"网格医生"按钮，开始多边形阶段数据处理。

单击"多边形"→"网格医生"命令，系统弹出如图3-88所示的对话框，在对话框中，对模型的非流形边、自相交、高度折射边、钉状物、小组件、小孔等进行自动捕捉，本次案例中，数据比较杂乱，有47个自相交，76个高度折射边，2 117个钉状物，（由于每个人操作不一样，数据可能有差别），单击"应用"按钮，系统将对以上问题进行自动修复。再单击"确定"按钮，退出对话框。

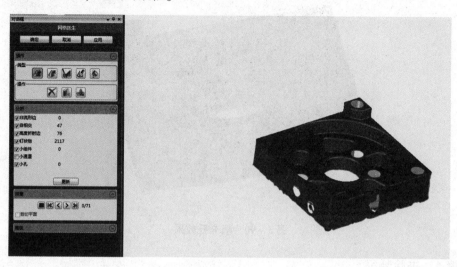

图3-88 "网格医生"对话框

步骤2：创建开流形

当多边形模型是片状而不封闭时，可以创建一个打开的流形。

单击"多边形"→"流形"→"开流形"命令，系统自动为模型创建一个开放的流形，并且从开放的对象中删除非流形的三角形。

步骤3：填充孔

单击"多边形"→"填充孔"→"填充单个孔"命令，后边复选框选择"平面""边界孔"进行填充，第一点选择需要填充的一个边界点，第二点选择需要填充的另一个边界点，第三点单击红色区域包围的位置，如图3-89所示。按照同样的方法，将其他边界孔进行填充。

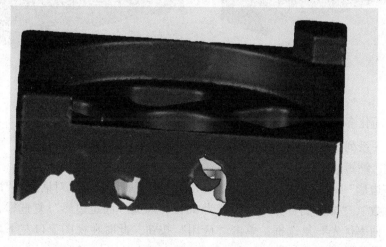

图3-89 填充边界孔

单击"多边形"→"填充孔"→"填充单个孔"命令，后边复选框选择"平面""内部孔"进行填充，选择需要填充的孔洞，将所有封闭的孔进行填充，所有的孔填充完的效果如图3-90所示。

图3-90 填充孔效果

步骤4：去除特征

模型表面还有一部分由于粘贴标志点遗留下的痕迹，可以执行"去除特征"命令，将表面的凸起去掉。

执行"去除特征"命令前，需要先选中需要去除的特征，再单击"多边形"→"去除特征"命令，图3-91所示为去除特征前后的效果对比。

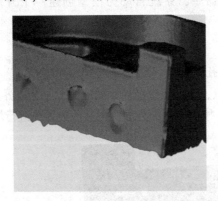 

图3-91 去除特征前后的效果对比

步骤5：简化多边形

通过以上一系列操作后，模型由201 839个三角形组成，数据量比较大，需要将三角形数量进行缩减，缩短数据处理的时间。

单击"多边形"→"简化"命令，弹出如图3-92所示的简化对话框，"减少模式"选择"三角形计数"，"减少到百分比"设置为80%，勾选"固定边界"复选框，点开高级选项卡，勾选"曲率优先"复选框，单击"应用"按钮，此时在视图窗口左下角的信息面板处能看到三角形数目已经减少到161 471个。

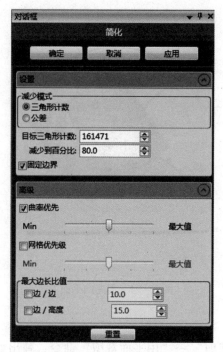

图 3 - 92 简化多边形

步骤 6：创建平面

为了修剪模型，需要先给模型创建一个平面。单击"特征"→"平面"工具栏，在"平面"下拉菜单栏中选择"最佳拟合"，弹出如图 3 - 93 所示的"创建平面"对话框，选择底面的三片点云数据，这时在模型中显示已经创建出一个"平面 1"，单击"应用"按钮，一个平面特征就创建成功了，如图 3 - 94 所示。

图 3 - 93 "创建平面"对话框以及选取的数据

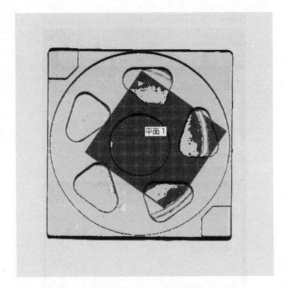

图 3 - 94　创建的平面 1

步骤 7：裁剪

单击"多边形"→"裁剪"→"用平面裁剪"命令，弹出如图 3 - 95 所示的"用平面裁剪"对话框，在"对齐平面"选项中，定义平面为"对象特征平面"，选择"平面 1"，位置度输入"3"，观察平面是否将不规整的边界全部能够裁剪到，然后单击"平面截面"观察视图区域显示红色的部分是不是要删除的部分，如果不是，单击"反转选区"按钮；如果是，单击"删除所选择的"按钮，此时，选中的模型被裁减掉。单击"确定"按钮，退出该对话框。裁剪后的模型如图 3 - 96 所示。

图 3 - 95　"用平面裁剪"对话框

图 3 - 96　裁剪后的模型

步骤 8：投影边界到平面

由于前一步骤将模型裁剪短了 3 mm，需要将模型补正到原有模型的高度，通过将边界投影到平面上重新裁剪来得到。

单击"多边形"→"边界"→"投影边界到平面"命令，弹出如图 3 – 97 所示的对话框。

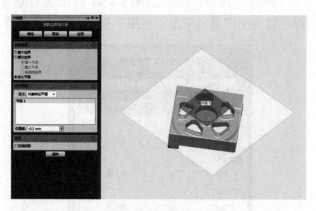

图 3 – 97　投影边界到平面对话框及选择边界

选中"整个边界"复选框，用鼠标选择模型中封闭的外轮廓边界，此时外轮廓边界线呈现白色，如果外轮廓边界呈现分段式，可以单击"多边形"→"边界"→"创建样条边界"命令即可将样条转变成一条边界线。

然后选中"定义平面"复选框，在"对齐平面"组的"定义"可选项中选择"对象特征平面"，在出现的文本框中，选择"平面1"，位置度为"– 0.2 mm"，目的是让边界与"平面1"相交，为后期进行裁剪做准备。单击"应用"按钮，生成投影边界。单击"确定"按钮，退出该对话框。

然后用同样的方法将中间的 6 个孔投影到平面1，位置度设置为0。

步骤9：裁剪并封闭底面

单击"多边形"→"裁剪"→"用平面裁剪"命令，在对齐平面选项中，定义平面为"对象特征平面"，选择"平面1"，位置度输入"0"，然后单击"平面截面"观察视图区域显示红色的部分是不是要删除的部分，如果不是，单击"反转选区"按钮；如果是，单击"删除所选择的"按钮，此时，选中的模型被裁减掉，单击"封闭相交面"按钮，就可以创建一个新的底面。单击"确定"按钮，退出该对话框。裁剪并封闭后的模型如图 3 – 98 所示。

图 3 – 98　裁剪边界并封闭的模型

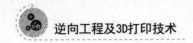
步骤10：松弛多边形

单击"多边形"→"松弛"命令，弹出如图3－99所示的对话框，将"平滑级别""强度""曲率优先"都设置为中间值，单击"应用"按钮，统计的标准偏差为0.019。

图3－99　松弛多边形

步骤11：网格医生

在进行上述一系列操作后，模型中的三角形可能会受到一些改变，最后再通过"网格医生"命令自动修补模型存在的一些问题。

单击"多边形"→"网格医生"命令，如图3－100所示，检测出有两个钉状物，单击"应用"按钮，自动修复选中区域。此时，多边形阶段数据处理完成。将特征"平面1"隐藏，全部处理完的模型如图3－101所示。

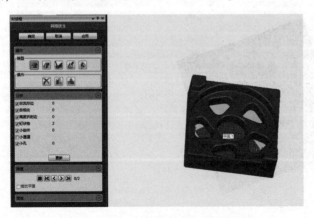

图3－100　"网格医生"对话框

图3－101　处理好的模型

步骤 12：保存数据

点云数据全部处理完成之后，单击"文件"→"另存为"命令，选择文件格式为 .STL，为后续重构模型做准备。

✅ 任务评价

评价项目	分　值	得　分
完成杂点删除	5 分	
完成封装操作	5 分	
完成平面的创建	10 分	
完成底部三角形的裁剪	20 分	
完成边界的投影	20 分	
完成底部边界的封闭	20 分	
整个模型表面光滑完整无破洞	20 分	

✅ 课后思考

1. 在平面创建过程中有哪几种方法？
2. 在使用裁剪命令时有几种方法？

✅ 拓展任务

练习利用 Geomagic Wrap 软件对如图 3 – 102 所示的零件模型进行数据处理。（原始数据见资源包）

图 3 – 102　拓展任务

逆向模型重构

任务一　逆向模型重构软件及基本操作——以六面体为例

 **任务引入**

客户想要对如图4-1所示的六面体进行模型重构,从而进一步对产品进行创新设计,你有什么方法将多边形变成曲面,从而能够导入其他软件进行创新设计呢?

图4-1　六面体数据

 任务分析

六面体零件是非常简单且具有代表性的一个产品,零件表面没有其他特征,结构简单方正,操作步骤简单,适合利用 Geomagic Design X 软件对模型进行重构,进而熟悉软件的操作界面和鼠标的操作以及常用的命令。

学习目标

知识目标:

1. 掌握 Geomagic Design X 的工作流程和基本功能;
2. 了解模型的显示和隐藏的基本操作;
3. 掌握面片拟合、面片修剪和倒圆角命令的操作;
4. 掌握简单零件数据处理的基本操作流程。

技能目标：

1. 具备简单零件模型重构的能力；

2. 具备平面面片拟合和修剪的能力；

素养目标：

1. 培养学生分析问题、解决问题的能力；

2. 培养学生团队协作的能力；

3. 培养学生的创新能力。

知识链接

1. Geomagic Design X 的逆向建模步骤

（1）数据处理。

（2）数字化模型重构。

（3）模型偏差检查。

2. 领域划分

领域是导入曲面模型按相似度划分成不同的区域，是曲面模型部分点云集合。领域划分即将不规则曲面模型按照点云集相似度划分成不同的点云集，曲面模型建模是以领域划分为基础的。领域划分分为自动分割领域和手动划分领域。领域组划分之后，会以不同颜色标注不同的领域，分割出模型相应的特征，以便于建模。

3. 面片拟合

面片拟合是模型重构过程中常用的一个命令，其目的是将划分好的领域拟合成不同的曲面。

4. 面片修剪

拟合完成的面片是没有边界的，通过"面片修剪"命令可以对相交的面片之间进行修剪。

5. 倒圆角

使用"倒圆角"命令可以直接获得原模型的圆角大小，但是这是扫描得到的数据，实际上圆角半径都设置为整数，所以在重构过程中需要对自动估算的圆角半径进行修正。

任务实施

一、介绍 Geomagic Design X 的基本功能

Geomagic Design X（原韩国 Rapidfrom XOR 软件），2013 年被 3D Systems 收购，是世界上唯一能够以 3D 扫描数据为基础创建 CAD 模型的 3D 逆向工程软件，是业界最全面的逆向工程软件，结合基于历史树的 CAD 数模和三维扫描数据处理，能创建出可编辑、基于特征的 CAD 数模并与现有的 CAD 软件兼容。

1. Geomagic Design X 的主要功能

（1）快速创建像 CAD 一样的固体或表面。

（2）可根据原始扫描数据比较和验证曲面、实体和草图。

（3）支持将数据输出到业界领先的 CAD 系统。

（4）创建将有机形状转换为精确的 CAD 模型。

（5）支持中性 CAD 或多边形文件的全面导出。

（6）在 KeyShot 中即时创建令人惊叹的设计效果图。

（7）与 Geomagic Capture 扫描仪完全集成。

（8）支持导入超过 60 种文件格式，包括多边形、点云和 CAD。

（9）专业处理大量网格和点云数据对齐，如数据对齐、处理和精炼以及网格构建。

（10）易于使用的网格修复工具提供快速的孔填充、平滑、优化、重新包装和抛光工具，如智能刷。

（11）直接从 3D 扫描文件自动提取基于特征的固体和表面。

2. Geomagic Design X 的设计步骤

Geomagic Design X 逆向设计步骤包括数据处理、数字化模型重构和模型偏差检查三大部分。

1）数据处理

数据处理是对点云数据的处理，点云数据处理一般是在 Geomagic Wrap 软件进行的，但是 Geomagic Design X 也可以对点云进行处理，包括杂点消除、采样、平滑以及分割点云等点阶段的操作，也包括多边形的删除、填充、修补等操作。（参照项目三的内容）

2）数字化模型重构

特征提取与数字化模型重构包括领域划分、对齐、数字化模型重构。领域划分是根据各个部位形状特性将其自动或者手动分成若干个领域，领域包括平面、圆柱面以及自由曲面等。对于形状复杂的产品，往往需要用分割和合并等工具对领域做调整，进一步区分出不同曲率领域。对齐是在领域划分后，使产品扫描参照面与软件绘图参照面对齐，从而在逆向过程中可以得到正确的产品截面轮廓，并且能在导入其他软件时与软件坐标对齐。模型重构分为两类，第一类为通过面片草图工具提取出所需的截面二维轮廓曲线，在此曲线基础上利用曲线工具绘制出最平滑且最贴近实物的曲线，提取出截面二维轮廓曲线后可以使用拉伸、旋转、放样以及扫描等工具完成相应部分实体；由曲面组成部分，可以使用放样向导或拟合曲面工具得到该部位曲面，再使用延伸曲面、剪切曲面等工具完成该部分形状创建，最后将这些曲面缝合到实体。第二类是将整个产品理解为一个曲面组成，且该曲面形状复杂，可以通过曲面创建里的提取轮廓曲线功能将产品整体轮廓提取出，再根据构造曲面网格、拟合曲面补丁等工具自动完成曲面创建，如一些复杂钣金件，点云数据面片化后，划分领域，会发现领域有很多，并且大部分为自由面组成，因此采用第一类重构方法，显然不合理。

3）模型偏差检查

模型拟合过程中，要对拟合后面片进行模型偏差检查，包括体偏差、面片偏差、曲率偏差等，更精确地获得重构模型。

3. Geomagic Design X 软件的特点

（1）四大逆向工程软件之一。

（2）专业的参数化逆向建模软件。

（3）可以打开文件较大的扫描数据。

（4）逆向速度快，效率高。

（5）易学易用，常用于参与比赛。

二、Geomagic Design X 软件重构六面体模型

下面以六面体模型重构为例详细介绍 Geomagic Design X 2019 软件的操作方法。

本次任务中用到的命令有：

（1）"文件"→"导入"命令。

（2）"领域"→"插入"命令。

（3）"模型"→"面片拟合"命令。

（4）"模型"→"剪切曲面"命令。

（5）"模型"→"面填补"命令。

（6）"模型"→"圆角"命令。

（7）"文件"→"输出"命令。

步骤 1：导入数据

启动 Geomagic Design X 2019 软件，单击"初始"下拉菜单中的"导入"命令，系统弹出"导入"对话框，选择要打开的文件，选择文件类型为 *.stl，单击"仅导入"命令，视图窗口中显示出我们之前处理好的六面体点云数据，如图 4 - 2 所示为一个六面体数据。在图 4 - 2中可以看到软件用户界面显示了菜单栏、工具条、状态栏、管理器面板、视图窗口等信息。

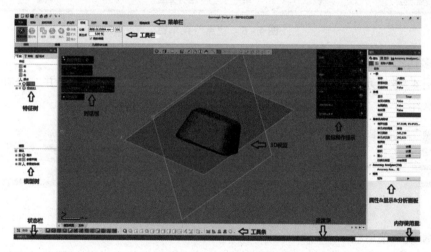

图 4 - 2　用户界面

菜单栏提供了当前阶段能执行的所有命令。常用的菜单栏有"初始"菜单栏、"实时采集"菜单栏、"点"菜单栏、"多边形"菜单栏、"领域"菜单栏、"对齐"菜单栏、"草图"菜单栏和"模型"菜单栏。

1）"初始"菜单栏

图 4 - 3 所示为"初始"菜单栏，在"初始"菜单栏中，展示了 Geomagic Design X 2019常用的一些命令，包括导入模型、自动分割领域、对齐、草图、常用建模工具。

图 4 - 3　初始菜单栏

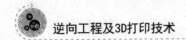

2）"实时采集"菜单栏

图4-4所示为"实时采集"菜单栏，在"实时采集"菜单栏中，可以连接三维扫描仪，直接采集产品的三维数据。

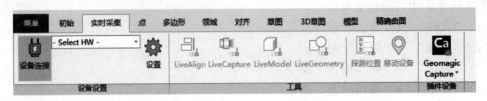

图4-4　"实时采集"菜单栏

3）"点"菜单栏

在如图4-5所示的"点"菜单栏中，可以对点云数据进行杂点消除、采样、平滑以及分割点云等操作。

图4-5　"点"菜单栏

4）"多边形"菜单栏

在如图4-6所示的"多边形"菜单栏中，可以对六面体面片进行合并、修补、编辑以及优化等操作。

图4-6　"多边形"菜单栏

5）"领域"菜单栏

在如图4-7所示的"领域"菜单栏中，可以对模型进行自动分割领域，也可以手动选择区域划分领域，还可以对领域进行合并和分割。

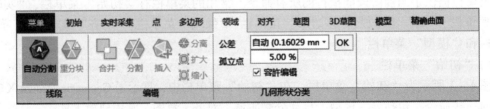

图4-7　"领域"菜单栏

6）"对齐"菜单栏

在如图4-8所示的"对齐"菜单栏中，可以对模型进行坐标对齐。

图 4-8　"对齐"菜单栏

7）"草图"菜单栏

在如图 4-9 所示的面片"草图"菜单栏中，可以对当前草图平面进行草图绘制。

图 4-9　"草图"菜单栏

8）"模型"菜单栏

在如图 4-10 所示的"模型"菜单栏中，可以对之前绘制好的草图进行创建实体操作，也可以进行面片拟合和面片修补，是模型重构过程中用得最多的命令。

图 4-10　"模型"菜单栏

9）"精确曲面"菜单栏

在如图 4-11 所示的"精确曲面"菜单栏中，可以对生成的多边形模型进行曲面片网格创建和拟合。

图 4-11　"精确曲面"菜单栏

步骤 2：对模型进行移动旋转

Geomagic Design X 软件的操作方式和其他建模软件一样，也是以鼠标为主，键盘为辅。鼠标操作主要用于命令的点选，数据模型的旋转、缩放、平移、对象的选取等。

鼠标的左键、中键、右键分别定义为 MB1、MB2、MB3，常用的操作如下：

1）鼠标左键 MB1

（1）单击：选择用户界面的功能键和选择对象元素；或在对话框中单击上、下箭头来增大或减小该数值。

（2）单击并拖动：框选区域。

（3）Ctrl + MB1 拖动：框选取消选择的对象和区域。

（4）Shift + MB1 单击：取消选择的对象和区域。

（5）双击 MB1：编辑要素。

2）鼠标中键 MB2

（1）单击 MB2：切换选择模式。

（2）滚轮：缩放。

3）鼠标右键 MB3

（1）单击 MB3：在视图空白区域单击可获得快捷菜单，包含一些使用频繁的命令。

（2）常按 MB3 拖动：旋转。

（3）常按 MB1 + MB3：平移。

步骤 3：对模型进行显示隐藏

当需要对模型的类型进行过滤时，可以单击如图 4 - 12 所示的显示过滤器工具条。在工具条中可以设置模型的可见性，选择打开/关闭面片，打开/关闭领域，打开/关闭点云，打开/关闭曲面体，打开/关闭实体等。

图 4 - 12　显示过滤器工具条

也可以在左侧的"模型树"选项卡单击眼睛形状的图标进行显示和隐藏，或者单击鼠标右键对相应的模型进行移动、显示、隐藏、删除、输出等操作，如图 4 - 13 所示。

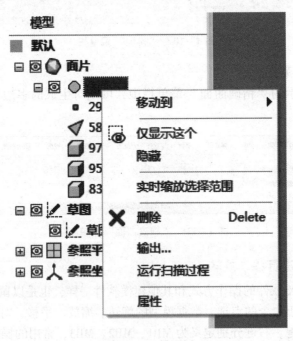

图 4 - 13　模型树

步骤 4：领域划分

领域是导入曲面模型按相似度划分成不同的区域，是曲面模型部分点云集合。领域划分即将不规则曲面模型按照点云集相似度划分成不同的点云集，曲面模型建模是以领域划分为基础的。领域组划分之后，会以不同颜色标注不同的领域，分割出模型相应的特征，以便于建模。本次案例模型比较简单，曲面比较少，采用手动划分领域比较快。

单击工具条中的"画笔选择模式"，按住鼠标左键，拖动选择侧面的部分点云数据，如图 4 - 14 所示，单击"领域"→"插入"命令，当前选中的点云自动设置为一个领域。用同样的方法，将其他 5 个面设置为不同的领域，如图 4 - 15 所示。

图 4 - 14　手动划分领域图　　　　图 4 - 15　划分所有领域

步骤 5：面片拟合

领域都划分好之后，将划分好的领域进行面片拟合。单击"模型"→"面片拟合"命令，弹出如图 4 - 16 所示的"面片拟合"对话框，选择一个领域，如图 4 - 17 所示，此时在视图中出现一个长方形的平面，通过拖动长方形四周的控点可以对拟合的平面根据实际情况进行旋转和改变大小，面片可以适当做大一些，防止和其他面片无法修剪，调整好平面的大小和方向后，单击面片拟合对话框中的"√"按钮，完成一个面片的拟合。

图 4 - 16　"面片拟合"对话框

图 4 – 17　选择领域

用同样的方法，将其他 5 个领域进行面片拟合，拟合结果如图 4 – 18 所示。

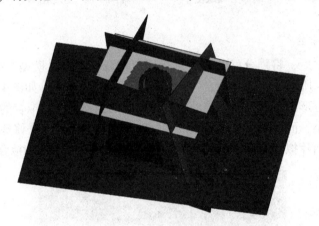

图 4 – 18　面片拟合结果

步骤 6：面片修剪

单击"显示过滤器"将模型的面片和领域隐藏，只显示拟合后的曲面体，然后单击"模型"→"剪切曲面"命令，弹出"剪切曲面"对话框，按住"Ctrl"＋"A"键，将 6 个拟合的面片全选，如图 4 – 19 所示，再单击"对象"复选框，将所有的面片选中，如图 4 – 20 所示。

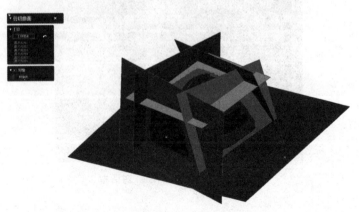

图 4 – 19　选择"工具对象"

图 4 - 20 选择 "对象体"

单击 "剪切曲面" 对话框中的箭头,进入下一阶段,此时对话框中显示剪切结果,需要手动选择残留体,单击需要留下的 6 个剪切面,如图 4 - 21 所示。

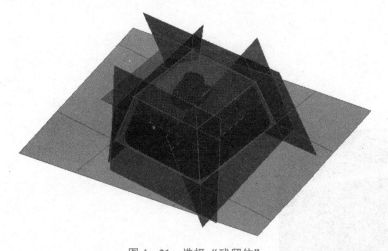

图 4 - 21 选择 "残留体"

单击对话框中的 "√" 按钮,视图窗口中生成剪切好的曲面,并自动生成实体,如图 4 - 22 所示。如果没有生成实体,说明剪切后的面存在破洞,可以用 "模型" 下拉菜单中的 "面填补" 命令进行补面。

步骤 7:倒圆角

单击 "模型" → "圆角" 命令,在弹出的 "圆角" 对话框中,单击 "固定圆角" 单选按钮,圆角要素选择其中一条竖边,再单击对话框中 "曲面片估算半径",显

图 4 - 22 剪切曲面后生成实体

示半径为 9.527 6，如图 4 - 23 所示，这是扫描得到的数据，实际上圆角半径都是整数，将半径改为 9.5，单击 "√" 按钮，单击右侧分析面板，查看体偏差，发现偏差有点大，将半径改为 10，再次查看体偏差，圆角显示绿色，圆角区域位于偏差范围内。用同样的方法将其他边做成圆角，全部圆角做完如图 4 - 24 所示，查看体偏差结果如图 4 - 25 所示。

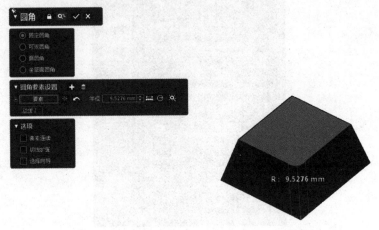

图 4 - 23　倒圆角

图 4 - 24　重构完成　　　　　　　图 4 - 25　体偏差分析

步骤 8：导出数据

模型重构全部完成后，将模型导出。单击 "文件" → "输出" 命令，选择模型，单击输出对话框的 "√" 按钮，弹出如图 4 - 26 所示的 "输出" 对话框，选择文件类型为 ". ＊ stp"，文件名为 "liumianti"，单击 "保存" 按钮。

图 4-26　输出文件

✅ **任务评价**

评价项目	分　　值	得　　分
完成模型导入	5 分	
完成模型的显示和隐藏	5 分	
完成领域划分	15 分	
完成面片拟合	20 分	
完成面片修剪	20 分	
完成倒圆角并检查体偏差	30 分	
完成模型输出	5 分	

✅ **课后思考**

1. Geomagic Design X 软件的基本功能有哪些？
2. Geomagic Design X 软件的操作步骤是什么？

✅ **拓展任务**

熟悉 Geomagic Design X 软件的基本操作。

曲面零件逆向模型重构

任务二　曲面零件逆向模型重构——以鼠标为例

🌀 **任务引入**

客户对如图 4-27 所示的鼠标填补后的数据非常满意，几乎和原模型的数据贴合，想要留下产品的数字模型，为今后注塑模具设计提供素材，请问能不能把曲面数据提取出来？

任务分析

本次任务通过利用 Geomagic Design X 软件对鼠标数据进行模型重构，介绍 Geomagic Design X 对于曲面重构的基本操作，进一步熟悉 Geomagic Design X 软件的曲面重构流程。鼠标是一个自由曲面比较多的产品，模型重构的重点在于零件坐标系的建立和曲面的重构。

图 4 – 27　填补好的鼠标数据

 学习目标

知识目标：

1. 掌握自由曲面类零件的模型重构方法；

2. 掌握曲面面片拟合的方法；

3. 了解面片草图的操作；

4. 了解拉伸、倒圆角等命令的操作。

技能目标：

1. 具备自由曲面类零件模型重构的能力；

2. 具备使用面片拟合、面片修剪获得曲面的能力。

素养目标：

1. 培养学生分析问题、解决问题的能力；

2. 培养学生的创新能力。

知识链接

1. 领域合并与分割

通过"自动分割"命令划分领域后，由于扫描精度的原因，领域没有按照实际特征进行划分，可以通过"合并"和"分割"命令手动将领域进行合并和分割。

2. 建立零件坐标系

建立零件坐标系有利于视图的切换，方便观察产品的特征，所以选择适当的方法建立工作坐标系非常有必要，优先选择特征最明显的面或体建立工作坐标系，再利用"手动对齐"工具将产品横向和纵向中心平面与系统坐标系对齐。

3. 面片拟合

面片拟合是模型重构过程中常用的一个命令，其目的是将划分好的领域拟合成不同的曲面。

4. 面片修剪

拟合完成的面片是没有边界的，通过"面片修剪"命令可以对相交的面片进行修剪。

5. 倒圆角

使用"倒圆角"命令可以直接获得原模型的圆角大小，但是这是扫描得到的数据，实际上圆角半径都设置为整数，所以在重构过程中需要对自动估算的圆角半径进行修正。

6. 拉伸实体

模型上的孔可以通过拉伸实体并通过布尔运算得到，模型上的圆柱特征也可以通过拉伸实体得到。

7. 扫描

使用"扫描"命令能够通过沿着指定的路径延伸轮廓形状从而绘制出曲面或者实体。

任务实施

本任务的主要内容有：领域划分→建立工件坐标系→面片拟合→面片修剪→创建细节特征→倒圆角。

本次任务用到的命令主要有：

（1）"文件"→"导入"命令。

（2）"领域"→"自动分割领域"命令。

（3）"领域"→"合并"命令。

（4）"模型"→"参考几何图形"→"平面"命令。

（5）"草图"→"面片草图"命令。

（6）"模型"→"拉伸"命令。

（7）"模型"→"扫描"命令。

（8）"模型"→"面片拟合"命令。

（9）"模型"→"剪切曲面"命令。

（10）"模型"→"圆角"命令。

（11）"文件"→"输出"。

步骤 1：导入数据

启动 Geomagic Design X 2019 软件，单击"初始"下拉菜单中的"导入"命令，系统弹出"导入"对话框，选择要打开的文件，选择文件类型为 *.stl，单击"仅导入"命令，视图窗口中显示出我们之前处理好的鼠标数据，如图 4 – 28 所示为一个鼠标的数据。

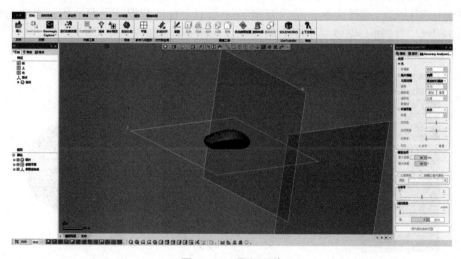

图 4 – 28　导入文件

步骤2：自动领域划分

单击"领域"→"自动分割"命令，弹出如图4-29所示的"自动分割"对话框，"对象"选择鼠标，"敏感度"设置为"70"，单击"√"按钮，软件自动为模型进行划分领域，此过程需要花费一些时间，划分好的领域如图4-30所示。

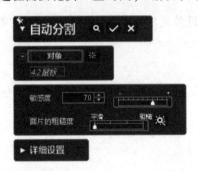

图4-29　"自动分割"对话框　　　　　　图4-30　自动划分好的领域

步骤3：领域合并

从领域图中可以看到，有一部分领域由于扫描精度的影响没有划分到同一领域，需要手动合并。

将选择模式切换到"套索选择模式"，选中一片领域，按住"Shift"键，选中另外一片需要合并的领域，单击"合并"按钮，两片领域变成同一个颜色，且都属于自由曲面领域。将所有的属于同一领域的小领域合并到一起，合并之后的效果如图4-31所示。

图4-31　合并后的领域

步骤4：建立零件坐标系

该零件为左右对称件，且底面为平面，可以选择底面为一个基准平面，滚轮的中心与底面的交点为坐标圆点。利用手动对齐工具将产品横向和纵向中心平面与系统坐标系对齐。单击"模型"→"平面"命令，弹出如图4-32所示的"追加平面"对话框，选择底面，在"要素"选项卡中自动捕捉到平面要素，方法选择"提取"，单击"√"按钮，完成一个平面的建立，如图4-33所示。

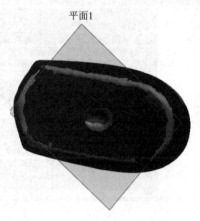

图4-32　"追加平面"对话框　　　　　　图4-33　创建"平面1"

下面开始建立第二个平面，由于鼠标是左右对称的，可以将坐标平面建在滚轮中间，单击"模型"→"平面"命令，弹出"追加平面"对话框，在"要素"选项卡的方法中选择"绘制直线"选项，工具栏中"法向"选择"平面1"，翻转视图将鼠标正面朝上，然后用鼠标在正中间绘制一条直线，单击"√"按钮，完成"平面2"的建立。再单击"模型"→"平面"命令，要素选择刚才创建的"平面2"，方法选择"镜像"，用鼠标将整个模型框选，如图4-34所示，软件会根据模型和平面2的相对位置进行自动拟合镜像，单击"√"按钮，完成一个平面的建立，此时在特征树下生成一个平面3，平面3才是后续将要用到的坐标平面。

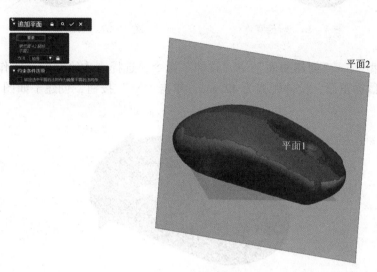

图4-34 镜像要素

要完成坐标系的建立，需要三个平面，第三个平面选择在滚轮中间。

首先建立一个直线。单击"模型"→"线"命令，按住"Ctrl"键，选择"平面1"和"平面3"，单击"√"按钮，创建了"平面1"和"平面3"的交线，如图4-35所示。

图4-35 创建直线1

单击"草图"命令，选择"平面1"作为草图平面，然后将"线1"转换成实体，单击"草图"→"转换实体"命令，此时模型中"线1"变成实线，如图4-36所示。

在草图环境下，单击"直线"按钮，在如图4-37所示位置绘制一条垂直于"线1"的线段，单击退出草图。

图4-36 转换实体　　　　　　　图4-37 绘制直线

单击"模型"→"创建曲面"→"拉伸"命令，选择刚才绘制的直线作为拉伸轮廓，拉伸方向朝向鼠标正面，拉伸距离为42 mm，单击"√"按钮，创建了如图4-38所示的平面。

图4-38 拉伸曲面

单击"对齐"→"手动对齐"命令，弹出"手动对齐"对话框，单击"下一阶段"，弹出如图4-39所示的对话框，选择"X-Y-Z"对齐方式，位置选项卡中按住"Ctrl"键选择刚才建立好的三个正交平面（"平面1""平面3""面1"），然后Z轴指定选择"平面1"，X轴选择"平面3"，单击"√"按钮完成坐标对齐。对齐结果如图4-40所示。

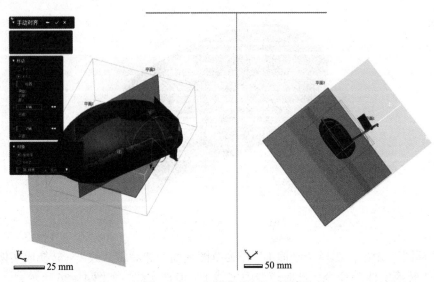

图4-39 "手动对齐"对话框

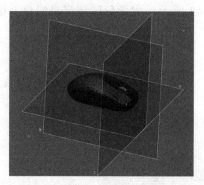

图 4 - 40 坐标对齐结果

步骤 5：拉伸底面

单击"草图"命令，选择上平面，通过原点绘制如图 4 - 41 所示的直线，单击"退出"按钮，退出草图环境。

单击"模型"→"创建曲面"→"拉伸"命令，选择刚才绘制的直线，拉伸方向选择双向拉伸，拉伸面的大小超出鼠标的大小即可，如图 4 - 42 所示。

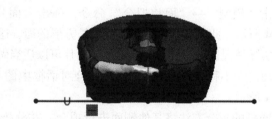

图 4 - 41 绘制直线

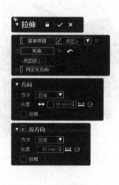

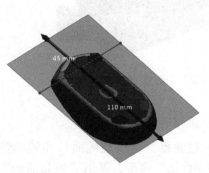

图 4 - 42 "拉伸"对话框

观察体偏差情况如图 4 - 43 所示。大部分区域都是绿色，说明创建的平面和模型的平面误差较小，可以采用。

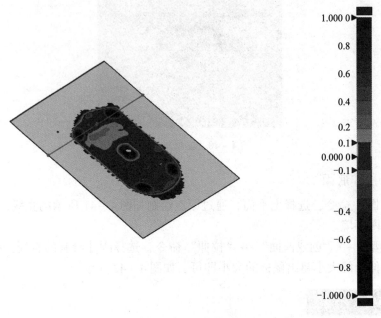

图 4 - 43　体偏差结果

步骤 6：面片拟合侧面

单击"模型"→"面片拟合"命令，弹出"面片拟合"对话框，选择侧面的领域，如图 4 - 44 所示，此时在视图中出现一个长方形的面，通过拖动长方形四周的控点可以对拟合的面根据实际情况进行旋转和改变大小，面片可以适当做大一些，防止和其他面片无法修剪，调整好平面的大小和方向后，单击面片拟合对话框中的"√"按钮，完成一个面片的拟合，如图 4 - 44 所示。

用同样的拟合方法将其他侧面进行拟合，并分析体偏差，拟合结果如图 4 - 45 所示。

图 4 - 44　曲面拟合侧面

图 4 - 45　侧面拟合结果

步骤 7：侧面和底面面片修剪

单击"显示过滤器"将模型的面片和领域隐藏，只显示拟合后的曲面体，然后单击"模型"→"剪切曲面"命令，弹出"剪切曲面"对话框，在"工具要素"选项中，按住"Ctrl" + "A"键，将 5 个拟合面片和拉伸的底面 1 选中，再单击"对象体"选项，将所有的面片选中，如图 4 - 46 所示。单击"剪切曲面"对话框中的箭头，进入下一阶段，此时对话框中显示剪切结果，需要手动选择残留体，单击需要留下的曲面，单击"√"按钮，修剪后的曲面如图 4 - 47 所示。

图 4 - 46　底面和侧面修剪

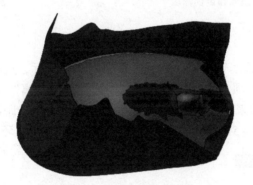

图 4 - 47　修剪后的侧面和底面

步骤 8：面片拟合顶面

单击"模型"→"面片拟合"命令，弹出"面片拟合"对话框，选择顶面的领域，面片可以适当做大一些，防止和其他面片无法修剪，调整好平面的大小和方向后，单击"面片拟合"对话框中的"√"按钮，完成顶面的拟合，如图 4 - 48 所示。

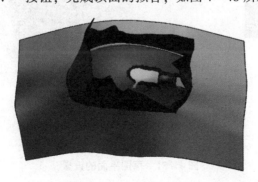

图 4 - 48　面片拟合顶面

步骤9：顶面和侧面面片修剪

单击"模型"→"剪切曲面"命令，弹出"剪切曲面"对话框，在"工具要素"选项中，按住"Ctrl"＋"A"键，将刚才拟合的顶面和修剪好的侧面选中，再单击"对象体"选项，将工具要素中的曲面选中，如图4－49所示。单击"剪切曲面"对话框中的箭头，进入下一阶段，此时对话框中显示剪切结果，需要手动选择残留体，单击需要留下的曲面，单击"√"按钮，退出修剪对话框。单击"模型"→"缝合"命令，如果曲面之间没有缝隙，修剪好的曲面将缝合变成实体，将领域和面片隐藏，修剪后的曲面如图4－50所示。

图4－49　顶面和侧面修剪　　　　　　　　　　　　图4－50　修剪好的曲面

步骤10：重构底孔

单击"草图"→"面片草图"命令，选择鼠标作为目标，选择底平面作为基准平面，在"追加断面多段线"选项卡中，设置"由基准面偏移的距离"为"2 mm"，由于底部倒了圆角，需要将圆角让出来，所以基准面需要往里面偏移一定的距离，此时视图中显示底部孔和平面的交线，如图4－51所示，单击"√"按钮，进入草图环境。

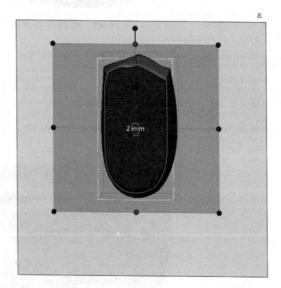

图4－51　草图平面的设置

先将面片、领域和实体都隐藏，视图中只显示曲线，单击"草图"→"腰形孔"命令，选择孔的下端和上端，软件自动拟合成一个腰形孔，如图 4 – 52 所示，单击"√"按钮，退出对话框，再单击"退出"按钮，退出草图环境。

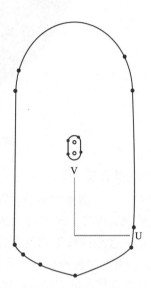

图 4 – 52　绘制腰形孔

将实体打开，单击"模型"→"创建实体"→"拉伸"命令，弹出如图 4 – 53 所示的对话框，轮廓选择刚才绘制的腰形孔轮廓，方向指向实体内部，距离设置为 3 mm，结果运算选择"切割"，单击"√"按钮，退出对话框。生成的底孔如图 4 – 54 所示。

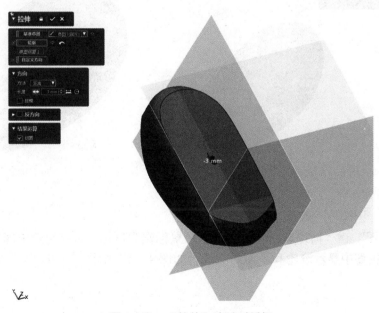

图 4 – 53　"拉伸"底孔对话框

图 4 – 54　生成的底孔

步骤 11：底部孔倒圆角

单击"模型"→"圆角"命令，在弹出的"圆角"对话框中选择"固定圆角"，圆角要素选择底孔外面的边线，再单击对话框中"曲面片估算半径"，显示半径为"6.225 8"，如图 4 – 55 所示，这是扫描得到的数据，实际上圆角半径都是整数，将半径改为 5，单击"√"按钮，单击右侧分析面板，查看体偏差，圆角显示绿色，圆角区域位于偏差范围内。用同样的方法将底孔里面的边做成圆角，全部圆角做完如图 4 – 56 所示。

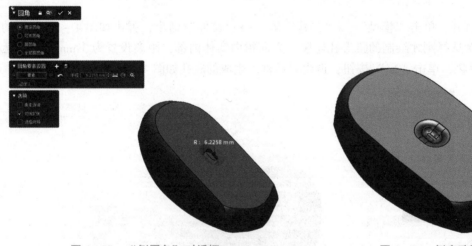

图 4 – 55　"倒圆角"对话框　　　　　　　　　图 4 – 56　倒底孔圆角

步骤 12：重构鼠标滚轮

单击"草图"→"面片草图"命令，选择鼠标作为目标，选择滚轮中间的平面作为基准平面，此时视图中显示滚轮和平面的交线，如图 4 – 57 所示，单击"√"按钮，进入草图环境。

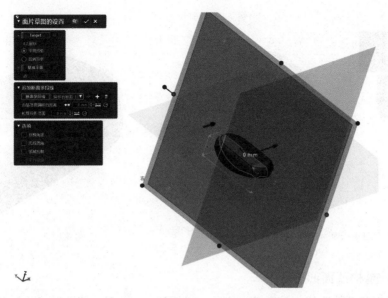

图 4 - 57　草图平面的设置

　　先将面片、领域和实体都隐藏，视图中只显示曲线，单击"草图"→"圆"命令，选择滚轮边线，软件自动拟合成一个圆，如图 4 - 58 所示，单击"√"按钮，退出对话框，双击刚才绘制的圆，将圆的半径改成 12 mm，再单击"退出"命令，退出草图环境。

图 4 - 58　绘制圆

　　将面片和实体打开，单击"模型"→"创建实体"→"拉伸"按钮，弹出如图 4 - 59 所示的对话框，轮廓选择刚才绘制的圆，方向设置为"平面中心对称"，长度设置为"7 mm"，结果运算不勾选，单击"√"按钮，退出对话框。创建好的滚轮如图 4 - 60 所示。

图4-59　拉伸滚轮

图4-60　创建好的滚轮

步骤13：重构顶面凹槽

首先将顶面凹槽轮廓线提取出来，单击"草图"→"面片草图"命令，选择鼠标作为目标，选择滚轮中间的平面作为基准平面，此时视图中显示凹槽和平面的交线，单击"√"按钮，进入草图环境。单击草图环境中的"样条曲线"按钮，绘制如图4-61所示的曲线。

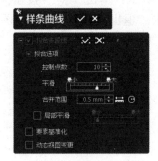

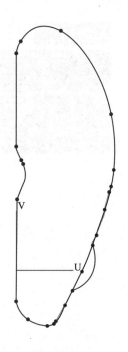

图4-61　绘制凹槽曲线

然后建立一个平面，单击"模型"→"平面"命令，弹出"追加平面"对话框，"要素"选择鼠标滚轮轴线的那个平面，在"要素"选项卡的方法中选择"偏移"，距离为"22 mm"，在刚才绘制的曲线的端点处建立一个平面，如图4-62所示，单击"√"按钮，完成平面的建立。

然后再单击"草图"→"面片草图"命令，选择鼠标作为目标，选择刚才创建的平面作为基准平面，此时视图中显示凹槽和平面的交线，单击"√"按钮，进入草图环境。单击草图环境中的"圆弧"命令，绘制如图 4-63 所示的圆，单击"√"按钮，退出"圆"对话框，双击圆，更改圆的直径为"5 mm"。

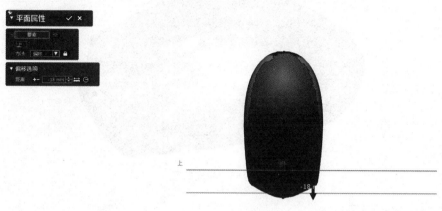

图 4-62　建立平面

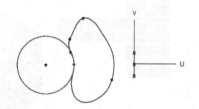

图 4-63　绘制圆

单击"模型"→"扫描"命令，弹出如图 4-64 所示的对话框，在轮廓选项中选择刚才绘制的圆，在路径选项中选择凹槽曲线，结果运算不勾选，单击"√"按钮，退出当前对话框。

图 4-64　"扫描"对话框

单击"模型"→"布尔运算"命令，操作方法选择"切割"，"工具要素"选择刚才扫描的实体，"对象体"选择鼠标实体，单击"√"按钮，生成如图4-65所示的凹槽。

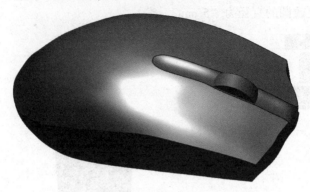

图4-65　生成凹槽

步骤14：滚轮倒圆角

单击"模型"→"圆角"命令，在弹出的"圆角"对话框中选择"固定圆角"选项，圆角要素选择圆柱的一条边线，如图4-66所示，将半径改为"1"，单击"√"按钮，单击右侧分析面板，查看体偏差，圆角显示绿色，圆角区域位于偏差范围内。用同样的方法将圆柱的另一条边做成圆角。

图4-66　滚轮倒圆角

步骤15：侧面倒圆角

单击"模型"→"圆角"命令，在弹出的"圆角"对话框中选择"固定圆角"选项，圆角要素选择鼠标的一条侧面的边线，再单击对话框中"曲面片估算半径"，显示半径为"4.845 9"，如图4-67所示，将半径改为"5"，单击"√"按钮，单击右侧分析面板，查看体偏差，圆角显示绿色，圆角区域位于偏差范围内。用同样的方法将侧面轮廓线做成圆角，如图4-68所示为最终产品图。单击体偏差分析结果如图4-69所示。

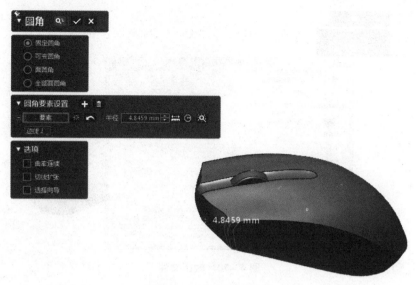

图 4 – 67　倒圆角对话框

图 4 – 68　最终产品图　　　　　　　　　**图 4 – 69　体偏差分析结果**

步骤 16：导出数据

模型重构全部完成之后，将模型导出。单击"文件"→"输出"命令，选择模型，单击输出对话框的"√"按钮，弹出"输出"对话框如图 4 – 70 所示，选择文件类型为".*stp"，文件名为"shubiao"，单击"保存"按钮。

图 4 – 70 　输出文件

✓ **任务评价**

评价项目	分　　值	得　　分
完成领域划分	10 分	
完成工件坐标系的建立	20 分	
完成侧面面片拟合	10 分	
完成侧面和底面面片修剪	20 分	
完成侧面和顶面面片修剪	10 分	
完成滚轮的创建	10 分	
完成底部孔的创建	5 分	
完成顶部凹槽的创建	10 分	
完成倒圆角并输出模型	5 分	

✓ **课后思考**

1. Geomagic Design X 软件在曲面重构时有哪几个步骤？

2. Geomagic Design X 软件如何建立零件坐标系？

✓ **拓展任务**

利用 Geomagic Design X 软件完成图 4 – 71 所示鼠标的模型重构。(原始数据见资源包)

图 4 – 71 　拓展任务

任务三 钣金零件逆向模型重构——以汽车连接件为例

钣金零件逆向
模型重构

任务引入

汽车厂家对产品边界的处理很满意，尤其是孔洞的处理，如图 4-72 所示，对于钣金件，由于图纸缺失，客户要对其进行成型性能分析和冲压模具设计，必须依托数字模型，你能帮助客户恢复产品数据吗？

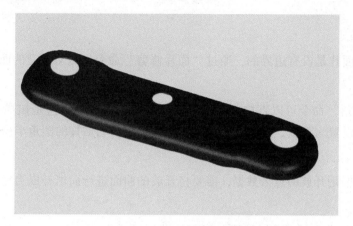

图 4-72 汽车连接件数据

任务分析

汽车连接件数据是一个片体数据，零件表面有孔有曲面，操作步骤复杂。本次任务是通过利用 Geomagic Design X 软件对汽车连接件数据进行模型重构，进一步熟悉 Geomagic Design X 软件的更多操作指令。

学习目标

知识目标：

1. 掌握钣金类零件的模型重构方法；
2. 掌握曲线的抽取方法；
3. 掌握面片拟合、面片修剪和倒圆角命令的操作。

技能目标：

1. 具备钣金类零件模型重构的能力；
2. 具备曲面面片拟合和修剪的能力。

素养目标：

1. 培养学生分析问题、解决问题的能力；
2. 培养学生团队协作的能力；
3. 培养学生的创新能力。

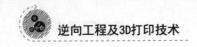

知识链接

1. 领域合并与分割

通过"自动分割"命令划分领域之后，由于扫描精度的原因，领域没有按照实际特征进行划分，可以通过"合并"和"分割"命令手动将领域进行合并和分割。

2. 面片拟合

面片拟合是模型重构过程中常用的一个命令，其目的是将划分好的领域拟合成不同的曲面。

3. 面片修剪

拟合完成的面片是没有边界的，通过"面片修剪"命令可以对相交的面片进行修剪。

4. 倒圆角

使用"倒圆角"命令可以直接获得原模型的圆角大小，但是这是扫描得到的数据，实际上圆角半径都设置为整数，所以在重构过程中需要对自动估算的圆角半径进行修正。

5. 面填补

本次点云数据是开放的点云数据，需要将开放的曲面进行面填补成为封闭区域。

6. 创建孔

使用"境界"命令可以通过抽取曲线直接获得原模型的孔的大小，也可以抽取任意形状的曲线。

任务实施

Geomagic Design X 对于曲面重构的基本操作步骤：领域划分→建立工件坐标系→面片拟合→面片修剪→创建细节特征→倒圆角。本次任务用到的命令主要有：

（1）"文件"→"导入"命令。

（2）"领域"→"自动分割领域"命令。

（3）"领域"→"合并"命令。

（4）"模型"→"参考几何图形"→"平面"命令。

（5）"草图"→"面片草图"命令。

（6）"模型"→"拉伸"命令。

（7）"模型"→"面填补"命令。

（8）"3D草图"→"3D面片草图"→"境界"命令。

（9）"模型"→"面片拟合"命令。

（10）"模型"→"剪切曲面"命令。

（11）"模型"→"圆角"；命令。

（12）"文件"→"输出"命令。

步骤1：导入数据

启动 Geomagic Design X 2019 软件，单击"初始"下拉菜单中的"导入"命令，系统弹出"导入"对话框，选择要打开的文件，选择文件类型为 *.stl，单击"仅导入"命令，视图窗口中显示出我们之前处理好的汽车连接件数据，如图4-73所示为汽车连接件的数据。

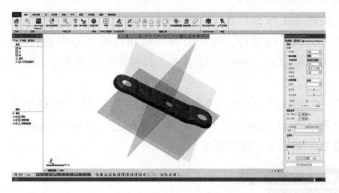

图4-73　导入文件

步骤2：自动领域划分

单击"领域"→"自动分割"命令，弹出如图4-74所示的"自动分割"对话框，"对象"选择鼠标，"敏感度"设置为"80"，单击"√"按钮，软件自动为模型进行领域划分，划分好的领域如图4-75所示。

图4-74　"自动分割"对话框

图4-75　自动划分好的领域

步骤3：领域合并

从领域图中可以看到，有一部分领域由于扫描精度的影响没有划分到同一领域，需要手动合并。

将选择模式切换到"套索选择模式"，选中一片领域，按住"Shift"键，选中另外一片需要合并的领域，单击"合并"命令，两片领域变成同一个颜色。将所有属于同一领域的小领域合并到一起，合并后的效果如图4-76所示。

图4-76　合并后的领域

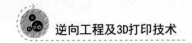

步骤4：建立零件坐标系

选择适当的方法建立工作坐标系，观察产品的特征，优先选择特征最明显的面或体建立工作坐标系，该零件为狭长型零件，特征面为底面和孔的中心平面，将底面作为基准平面，其中一个孔的中心为坐标原点。利用手动对齐工具将产品底面和纵向中心平面与系统坐标系对齐。

单击"模型"→"平面"命令，弹出如图4-77所示的"追加平面"对话框，选择底面，在"要素"选项卡中自动捕捉到平面要素，"方法"选择"提取"，单击"√"按钮，完成一个平面的建立，如图4-78所示。

图4-77　"追加平面"对话框

图4-78　创建"平面1"

下面开始建立第二个平面，可以将坐标平面建在产品中间，单击"模型"→"平面"命令，弹出"追加平面"对话框，在"要素"选项卡的"方法"中选择"绘制直线"，工具栏中"法向"选择"平面1"，然后在产品大概中间位置绘制一条直线，单击"√"按钮，完成"平面2"的建立。再单击"模型"→"平面"命令，要素选择刚才创建的"平面2"，方法选择"镜像"，用鼠标将整个模型框选，如图4-79所示，软件会根据模型和平面2的相对位置进行自动的拟合镜像，单击"√"按钮，完成一个平面的建立，此时在特征树下生成一个平面3，平面3才是后续将要用到的坐标平面。

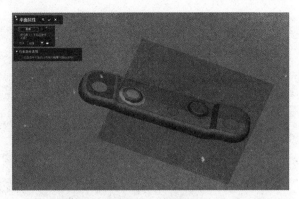

图4-79 镜像要素

要完成坐标系的建立，需要三个平面，第三个平面选择长度方向中间位置。

首先建立一个直线。单击"模型"→"线"命令，按住"Ctrl"键，选择"平面1"和"平面3"，"方法"选项卡中自动判断为"2平面相交"，单击"√"按钮，创建了"平面1"和"平面3"的交线，如图4-80所示。

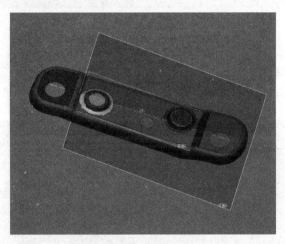

图4-80 创建"直线1"

单击"草图"命令，选择"平面1"作为草图平面，然后将"线1"转换成实体，单击"草图"→"转换实体"命令，此时模型中"线1"变成实线，如图4-81所示。

在草图环境下，单击"直线"按钮，在如图4-82所示位置绘制一条垂直于"线1"的线段，单击退出草图。

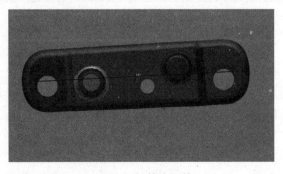

图4-81 转换实体

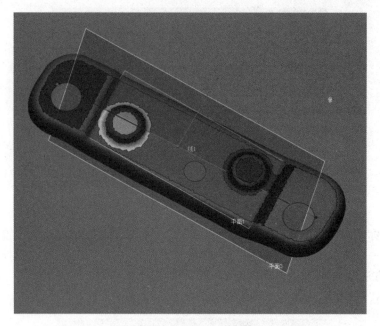

图 4 - 82　绘制直线段

单击"模型"→"创建曲面"→"拉伸"命令，选择刚才绘制的直线作为拉伸轮廓，拉伸方向朝向产品高度方向，拉伸距离为 20 mm，如图 4 - 83 所示，单击"√"按钮，创建了第三个平面。

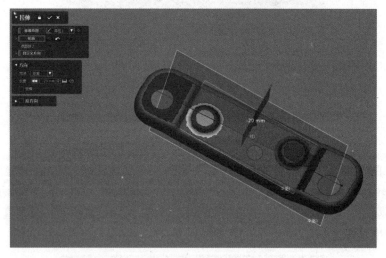

图 4 - 83　拉伸曲面

单击"对齐"→"手动对齐"命令，弹出"手动对齐"对话框，单击"下一阶段"，弹出如图 4 - 84 所示的对话框，选择"X - Y - Z"对齐方式，在"位置"选项卡中按住"Ctrl"键选择刚才建立好的三个正交平面（"平面 1""平面 3""面 1"），单击"√"按钮完成坐标对齐。对齐结果如图 4 - 85 所示。

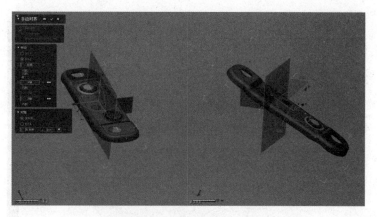

图 4-84　"手动对齐"对话框

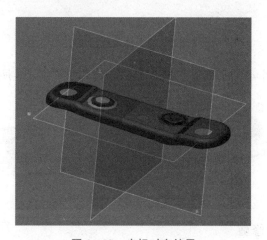

图 4-85　坐标对齐结果

步骤 5：底面面片拟合

单击"模型"→"面片拟合"命令，弹出"面片拟合"对话框，选择底面的领域，如图 4-86 所示，此时在视图中出现一个长方形的面，通过拖动长方形四周的控点可以对拟合的面根据实际情况进行旋转和改变大小，面片可以适当地做大一些，防止和其他面片无法修剪，调整好平面的大小和方向后，单击面片拟合对话框中的"√"按钮，完成底面的拟合。单击右侧的分析面板，选择"体偏差"选项，拟合结果如图 4-87 所示。

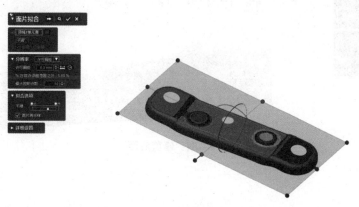

图 4-86　底面面片拟合

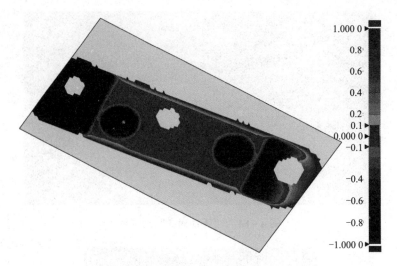

图 4 – 87　体偏差结果

用同样的方法将几个小的平面进行拟合，拟合结果如图 4 – 88 所示。

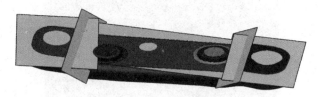

图 4 – 88　面片拟合小平面

步骤 6：底面面片修剪

单击"显示过滤器"命令将模型的面片和领域隐藏，只显示拟合后的曲面体，然后单击"模型"→"剪切曲面"命令，弹出"剪切曲面"对话框，在"工具要素"选项中，将5 个拟合面片选中，再单击"对象体"选项，将所有的面片选中，如图 4 – 89 所示。单击"剪切曲面"对话框中的箭头，进入下一阶段，此时对话框中显示剪切结果，需要手动选择残留体，单击需要留下的曲面，单击"√"按钮，修剪后的曲面如图 4 – 90 所示。

图 4 – 89　修剪底面

图4-90　修剪后的底面

步骤7：侧面面片拟合并修剪

单击"模型"→"面片拟合"命令，弹出"面片拟合"对话框，选择如图4-91所示的领域，调整好平面的大小和方向后，单击"面片拟合"对话框中的"√"按钮，完成一个面片的拟合，如图4-92所示。

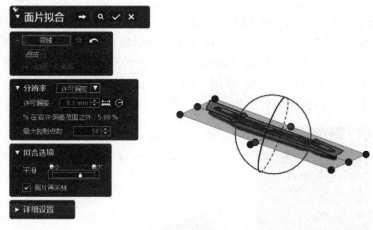

图4-91　侧面面片拟合

图4-92　侧面拟合结果

单击"模型"→"剪切曲面"命令，弹出"剪切曲面"对话框，在"工具要素"选项中，选中上次剪切好的面和刚才拟合的侧面，再单击"对象体"选项，和"工具元素"选择一样，单击"剪切曲面"对话框中的箭头，进入下一阶段，此时对话框中显示剪切结果，需要手动选择残留体，单击需要留下的曲面，单击"√"按钮，修剪后的曲面如图4-93所示。

图 4 - 93　侧面修剪结果

步骤 8：顶面补面

单击"显示过滤器"命令将领域打开，曲面体关闭，然后单击"3D 草图"→"3D 面片草图"→"境界"命令，弹出如图 4 - 94 所示的对话框，勾选"由境界提取曲线"选项，选择产品的边界线，境界选项卡显示"境界 1"，单击"√"按钮，退出境界对话框，此时外轮廓线已经提取出来。再单击"3D 草图"→"3D 面片草图"→"分割"命令，选择如图 4 - 95 所示的两个点将封闭轮廓分割成两段。单击"退出"按钮，退出 3D 面片草图。

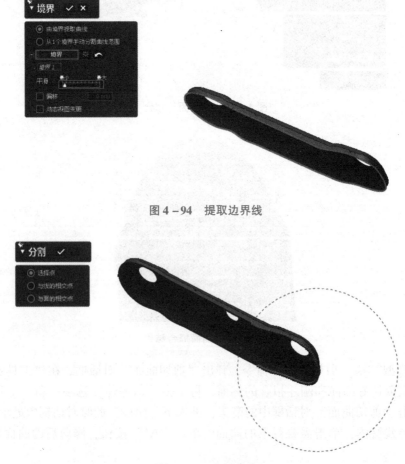

图 4 - 94　提取边界线

图 4 - 95　分割曲线

单击"模型"→"面填补"命令，选择刚才分割的两条曲线，如图 4 - 96 所示，单击"√"按钮，退出"面填补"对话框，此时，顶面已经生成一个曲面。

图 4 - 96　面填补

为了防止后续无法做剪切，需要将刚才填补的面进行扩大。单击"模型"→"延长曲面"命令，选择分割的两条曲线，如图 4 - 97 所示，终止条件选择"距离"选项，设置为"10 mm"，延长方法选择"同曲面"选项，单击"√"按钮，退出对话框，完成曲面的延长。

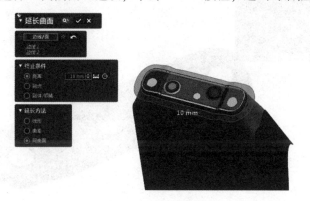

图 4 - 97　延长曲面

单击"模型"→"剪切曲面"命令，弹出"剪切曲面"对话框，在"工具要素"选项中，选中刚才生成的顶面"面填补 1"和之前修剪好的侧面，再单击"对象体"命令，选中和"工具要素"一样的面，如图 4 - 98 所示。单击"剪切曲面"对话框中的箭头，进入下一阶段，此时对话框中显示剪切结果，需要手动选择残留体，单击需要留下的曲面，单击"√"按钮，退出"修剪"对话框，修剪好的曲面如图 4 - 99 所示。

图 4 - 98　顶面和侧面修剪

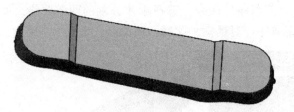

图 4 – 99　修剪好的曲面

步骤 9：创建孔

单击"显示过滤器"命令将领域打开，曲面体关闭，然后单击"3D 草图"→"3D 面片草图"→"境界"命令，弹出如图 4 – 100 所示的对话框，勾选"由境界提取曲线"选项，选择产品上的三个孔边界，境界选项卡显示"境界 1""境界 2""境界 3"，单击"√"按钮，退出境界对话框，此时孔的大小和位置已经提取出来，单击"退出"按钮，退出 3D 面片草图。

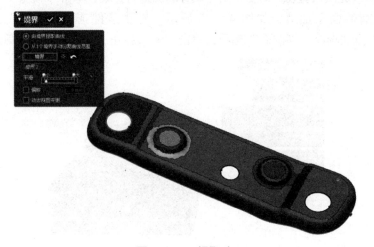

图 4 – 100　提取孔

单击"模型"→"创建曲面"→"拉伸"命令，选择刚才提取的三个孔的曲线，自定义方向选择"前平面"，往上拉伸 10 mm，往下拉伸 5 mm，如图 4 – 101 所示，单击"√"按钮，退出"拉伸"对话框。

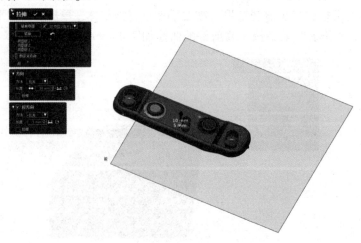

图 4 – 101　拉伸孔

在"显示过滤器"中将曲面体打开，领域和面片关闭，单击"模型"→"剪切曲面"命令，弹出"剪切曲面"对话框，在"工具要素"选项中，将修剪好的面和刚才拉伸的三个圆柱面选中，再单击"对象体"命令，将工具要素中的曲面选中，如图4-102所示。单击"剪切曲面"对话框中的箭头，进入下一阶段，此时对话框中显示剪切结果，需要手动选择残留体，单击需要留下的曲面，单击"√"按钮，退出"修剪"对话框，创建好的孔如图4-103所示。

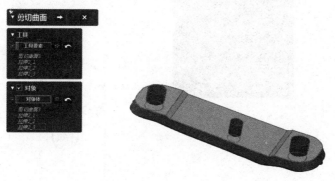

图4-102 剪切孔

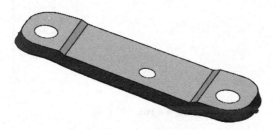

图4-103 创建好的孔

步骤10：重构小凸台

单击"草图"→"面片草图"命令，选择产品模型作为目标，选择底平面（即前平面）作为基准平面，在"追加断面多段线"选项卡中，设置"由基准面偏移的距离"为"1 mm"，由于底部倒了圆角，需要将圆角让出来，所以基准面需要偏移一定的距离，此时视图中显示底部凸台和平面的交线，如图4-104所示，单击"√"按钮，进入草图环境。

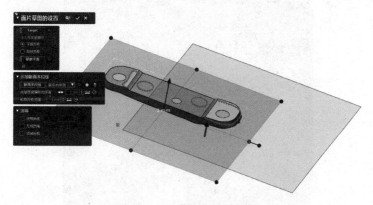

图4-104 草图平面的设置

先将面片、领域和实体都隐藏，视图中只显示曲线，单击"草图"→"圆"命令，选择一个圆，选中"拟合多段线"复选框，单击"适用拟合"选项，完成1个圆的拟合，用同样的方法拟合另外一个圆，如图4-105所示，单击"√"按钮，退出对话框，再单击"退出"按钮，退出草图环境。

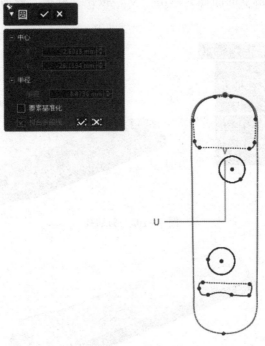

图4-105　绘制圆

将曲面体打开，单击"模型"→"创建曲面"→"拉伸"命令，弹出如图4-106所示的对话框，轮廓选择刚才绘制的两个圆，距离设置为2 mm，可以将领域打开，观察距离是否合适，单击"√"按钮，退出对话框。生成的拉伸曲面如图4-107所示。

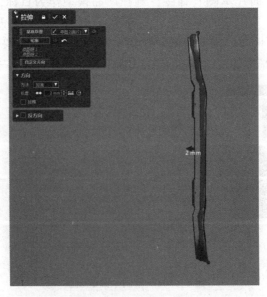

图4-106　拉伸小凸台

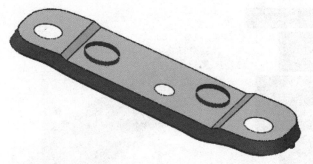

图4-107　生成的凸台曲面

单击"模型"→"面填补"命令，选择刚才生成的曲面的边界线，单击"√"按钮，退出"面填补"对话框，此时，凸台顶面已经做好了，如图4-108所示。

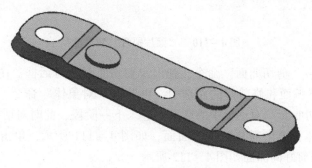

图4-108　面填补凸台

单击"模型"→"剪切曲面"命令，弹出"剪切曲面"对话框，在"工具要素"选项中，将刚才生成的圆柱面和修剪好的面选中，再单击"对象体"命令，将工具要素中的曲面选中。单击"剪切曲面"对话框中的箭头，进入下一阶段，此时对话框中显示剪切结果，需要手动选择残留体，单击需要留下的曲面，单击"√"按钮，退出"修剪"对话框。修剪好的凸台如图4-109所示。

图4-109　修剪好的凸台

步骤11：拟合圆弧面并修剪

单击"模型"→"面片拟合"命令，弹出"面片拟合"对话框，选择如图4-110所示的领域，调整好平面的大小和方向后，单击面片拟合对话框中的"√"按钮，完成圆弧面的拟合。

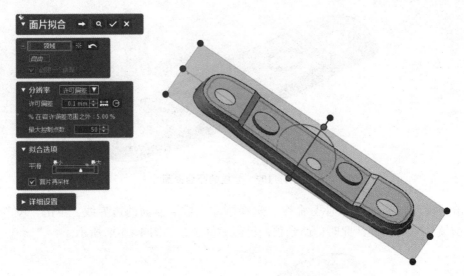

图4-110　"面片拟合"对话框

单击"模型"→"剪切曲面"命令，弹出"剪切曲面"对话框，在"工具要素"选项中，将刚才拟合的圆弧面和修剪好的面选中，再单击"对象体"命令，将工具要素中的曲面选中，单击"剪切曲面"对话框中的箭头，进入下一阶段，此时对话框中显示剪切结果，需要手动选择残留体，单击需要留下的曲面，如图4-111所示，单击"√"按钮，退出"修剪"对话框，修剪好的曲面如图4-112所示。

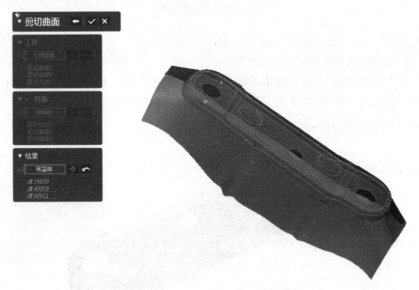

图4-111　"剪切曲面"对话框

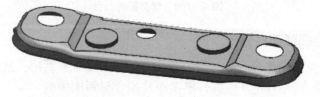

图4-112　修剪好的曲面

步骤 12：倒圆角

单击"模型"→"圆角"命令，在弹出的"圆角"对话框中选择"固定圆角"选项，圆角要素选择产品表面的一条边线，如图 4 – 113 所示，单击"曲面片估算半径"选项，将"半径"改为"10"，单击"√"按钮，单击右侧分析面板，查看体偏差，圆角显示绿色，圆角区域位于偏差范围内。用同样的方法将其他边做成圆角，最终的产品如图 4 – 114 所示。

图 4 – 113　"圆角"对话框

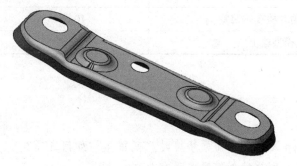

图 4 – 114　最终产品

体偏差分析，如图 4 – 115 所示，都在允许的公差范围内。

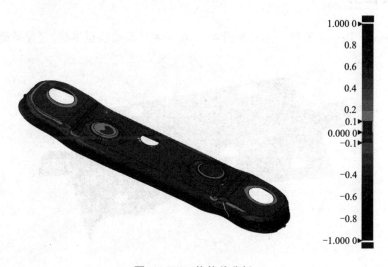

图 4 – 115　体偏差分析

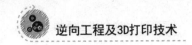
步骤 13：导出数据

模型重构全部完成后，将模型导出。单击"文件"→"输出"命令，选择模型，单击输出对话框的"√"按钮，选择文件类型为".＊stp"，文件名为"qichelianjiejian"，单击"保存"按钮。

✅ 任务评价

评价项目	分　值	得　分
完成自动领域划分	5 分	
完成领域合并与分割	10 分	
完成底面面片拟合与修剪	10 分	
完成顶面面片补面	20 分	
完成全部面片拟合与修剪	20 分	
完成孔的创建	10 分	
完成凸台的创建	10 分	
完成倒圆角并检查体偏差	10 分	
完成模型输出	5 分	

✅ 课后思考

1. Geomagic Design X 软件在曲面修剪时"残留体"如何选择？
2. Geomagic Design X 软件如何提取现有曲线？

✅ 拓展任务

利用 Geomagic Design X 软件完成如图 4 – 116 所示产品的模型重构。（原始数据见资源包）

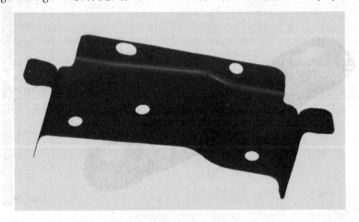

图 4 – 116　拓展任务

任务四 异形零件逆向模型重构——以多孔多面件为例

任务引入

客户拿到如图 4-117 所示的数据,对底面的处理非常满意,但是客户想要对产品和数字模型进行数据对比,有什么方法能将数据导入其他软件进行数据分析呢?

异形零件逆向
模型重构

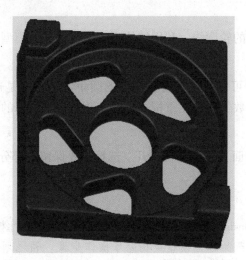

图 4-117 多孔多面件数据

任务分析

多孔多面件是一个平面和孔比较多的产品,模型重构的重点在于孔特征的构建和平面的构建。本次任务通过利用 Geomagic Design X 软件对多孔多面件的数据进行模型重构,进一步熟悉 Geomagic Design X 软件的操作。

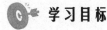

学习目标

知识目标:

1. 掌握多孔多面类零件的模型重构方法;
2. 掌握孔特征的重构方法;
3. 掌握面片草图的操作;
4. 掌握拉伸、倒圆角等命令的操作。

技能目标:

1. 具备多孔多面类零件模型重构的能力;
2. 具备使用面片草图、拉伸、倒圆角等命令重构模型的能力。

素养目标:

1. 培养学生分析问题、解决问题的能力;
2. 培养学生的创新能力。

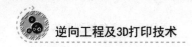

知识链接

1. 领域合并与分割

通过"自动分割"命令划分领域后，由于扫描精度的原因，会使得领域没有按照实际特征进行划分，可以通过"合并"和"分割"命令手动将领域进行合并和分割。

2. 面片草图

通过设置面片草图的基准平面，获得基准平面与模型的交线，从而提取出轮廓线。

3. 拉伸实体

通过面片草图中绘制的轮廓线，利用拉伸到领域获得与原模型一致的实体特征。

4. 倒圆角

使用"倒圆角"命令可以直接获得原模型的圆角大小，但是这是扫描得到的数据，实际上圆角半径都设置为整数，所以在重构过程中需要对自动估算的圆角半径进行修正。

5. 切割实体

用一个面（平面或曲面）将实体切割开，选择需要保留的部分。

任务实施

通过利用 Geomagic Design X 软件对多孔多面件的数据进行模型重构，介绍 Geomagic Design X 对于规整的工业产品零件模型重构基本操作步骤：领域划分→建立工件坐标系→面片草图→拉伸→倒圆角。

本次任务用到的命令主要有：

（1）"文件"→"导入"命令。

（2）"领域"→"自动分割领域"命令。

（3）"领域"→"合并"命令。

（4）"模型"→"参考几何图形"→"平面"命令。

（5）"草图"→"面片草图"命令。

（6）"模型"→"拉伸"命令。

（7）"模型"→"切割"命令。

（8）"模型"→"圆角"命令。

（9）"文件"→"输出"命令。

步骤1：导入数据

启动 Geomagic Design X 2019 软件，单击"初始"下拉菜单中的"导入"命令，系统弹出"导入"对话框，选择要打开的文件，选择文件类型为"＊.stl"，单击"仅导入"命令，视图窗口中显示出我们之前处理好的多孔多面件数据，如图 4 – 118 所示为多孔多面件的数据。

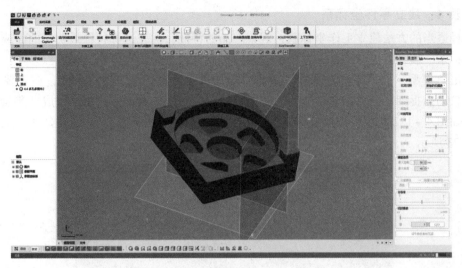

图 4 – 118　导入文件

步骤 2：自动领域划分

单击"领域"→"自动分割"命令，弹出如图 4 – 119 所示的"自动分割"对话框，"对象"选择多孔多面件，"敏感度"设置为"70"，单击"√"按钮，软件自动为模型进行领域划分，划分好的领域如图 4 – 120 所示。

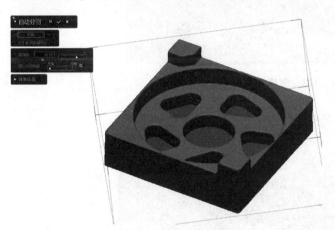

图 4 – 119　自动划分领域

图 4 – 120　自动划分好的领域

步骤 3：领域合并

从领域图中可以看到，上平面领域由于扫描精度的影响没有划分到同一领域，需要手动合并。

将选择模式切换到"套索选择模式"，选中一片领域，按住"Shift"键，选中另外一片需要合并的领域，单击"合并"命令，两片领域变成同一个颜色，且都属于平面领域。将所有属于同一领域的小领域合并到一起，合并之后的效果如图 4 – 121 所示。

图 4 – 121　合并后的领域

145

步骤4：建立零件坐标系

选择适当的方法建立工作坐标系，观察产品的特征，优先选择特征最明显的面或体建立工作坐标系，该零件为对称件，且外形方正，可以选择一个角点作为坐标原点。

单击"模型"→"平面"命令，弹出"追加平面"对话框，选择底面，在"要素"选项卡中自动捕捉到平面要素，"方法"选择"提取"，单击"√"按钮，完成"平面1"的建立，如图4－122所示。用同样的方法创建"平面2"和"平面3"，创建好的三个平面如图4－123所示。

图4－122　创建"平面1"

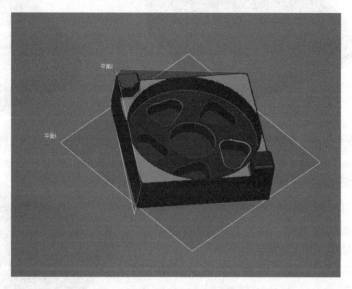

图4－123　创建好的三个平面

单击"对齐"→"手动对齐"命令，弹出"手动对齐"对话框，单击"下一阶段"命令，弹出如图4－124所示的对话框，选择"X－Y－Z"对齐方式，"位置"选项卡中按住

"Ctrl"键选择刚才建立好的三个正交平面（"平面1""平面2""平面3"），然后Z轴指定选择"平面1"，X轴选择"平面2"，单击"√"按钮完成坐标对齐。对齐结果如图4-125所示。

图4-124　"手动对齐"对话框

图4-125　坐标对齐结果

步骤5：拉伸外框架

单击"草图"→"面片草图"命令，选择产品模型作为目标，勾选"平面投影"选项，选择底平面（即前平面）作为基准平面，在"追加断面多段线"选项卡中，设置由基准面偏移距离为"5 mm"，目的是让中间的异形孔和基准面的交线都显示出来，此时视图中显示底部孔和平面的交线，如图4-126所示，单击"√"按钮，进入草图环境。

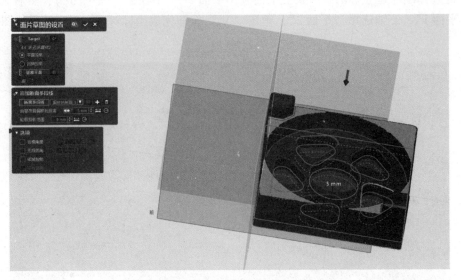

图 4 – 126　面片草图的设置

先将面片、领域和实体都隐藏，视图中只显示曲线，如图 4 – 127 所示，单击"草图"→"直线"命令，选择外轮廓边线，单击"拟合多段线"的"适用拟合"按钮，完成一条直线的提取，用同样的方法将其他直线一一提取，直线提取完成后，发现直线之间互不相连，单击"草图"→"剪切"命令，在弹出的对话框中，选择"相交剪切"，选择相邻的两个直线，此时两个相邻的直线互相相交，如图 4 – 128 所示。

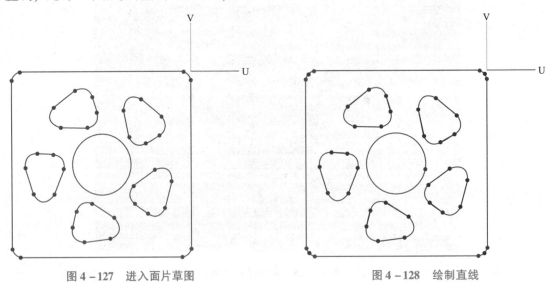

图 4 – 127　进入面片草图　　　　　　　　　图 4 – 128　绘制直线

单击"草图"→"3 点圆弧"命令，选择圆弧的两个端点，然后在圆弧部分单击第三个点，完成一段圆弧的绘制，全部圆弧绘制后如图 4 – 129 所示，确保是封闭轮廓后，单击"退出"按钮，退出草图环境。

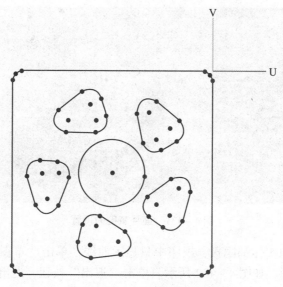

图 4 – 129 绘制圆弧和圆

将领域和实体打开，单击"模型"→"创建实体"→"拉伸"命令，弹出"拉伸"对话框，"轮廓"选择刚才绘制的轮廓，"方法"选择"到领域"，选择上平面领域，如图 4 – 130 所示，单击"√"按钮，退出对话框，完成外轮廓和通孔的创建。

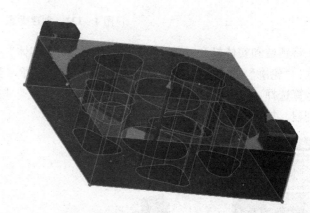

图 4 – 130 拉伸外轮廓

步骤 6：创建中间的大圆

单击"草图"→"面片草图"命令，选择产品模型作为目标，勾选"平面投影"选项，选择顶面作为基准平面，在"追加断面多段线"选项卡中，设置由基准面偏移距离为"5 mm"，目的是让中间的大孔和基准面的交线都显示出来，此时视图中显示中间大圆孔和平面的交线，如图 4 – 131 所示，单击"√"按钮，进入草图环境。

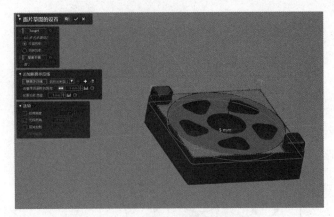

图 4 – 131　面片草图的设置

先将面片、领域和实体都隐藏，视图中只显示曲线，单击"草图"→"圆"命令，选择圆，生成中间的大圆，如图 4 – 132 所示。单击"退出"按钮，退出草图环境。

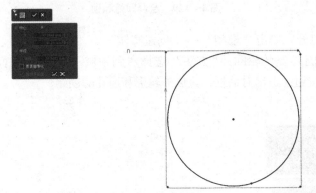

图 4 – 132　创建大圆

将领域和实体打开，单击"模型"→"创建实体"→"拉伸"命令，弹出"拉伸"对话框，"轮廓"选择刚才绘制的轮廓，"方法"选择"到领域"，选择大圆底平面领域，布尔运算选择"切割"，如图 4 – 133 所示，单击"√"按钮，退出对话框，完成中间大圆孔的创建，如图 4 – 134 所示。

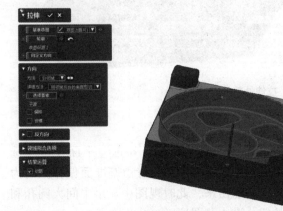

图 4 – 133　"拉伸"对话框　　　　　　　　　　　　图 4 – 134　创建大圆孔

步骤 7：创建两个小凸台

单击"草图"→"面片草图"命令，选择产品模型作为目标，勾选"平面投影"选项，选择底平面（即前平面）作为基准平面，在"追加断面多段线"选项卡中，设置"由基准面偏移的距离"为"23 mm"，目的是让凸台轮廓和基准面的交线显示出来，此时视图中显示底部孔和平面的交线，如图 4-135 所示，单击"√"按钮，进入草图环境。

图 4-135　面片草图的设置

先将面片、领域和实体都隐藏，视图中只显示曲线，单击"草图"→"直线"命令，绘制如图 4-136 所示的轮廓线，确保是封闭轮廓后，单击"退出"按钮，退出草图环境。注意绘制的轮廓线一定要比实体大，方便后期进行切割。

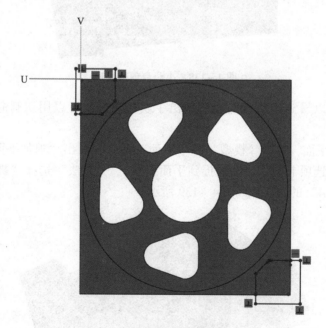

图 4-136　绘制凸台轮廓线

将领域和实体打开，单击"模型"→"创建实体"→"拉伸"命令，弹出"拉伸"对话框，"轮廓"选择刚才绘制的轮廓，"方法"选择"到领域"，选择凸台顶面领域，布尔运算选择"合并"，如图 4-137 所示，单击"√"按钮，退出对话框，完成两个小凸台的创建，如图 4-138 所示。

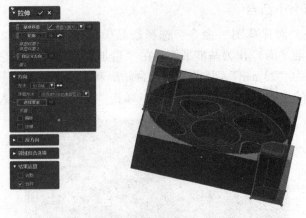

图 4 – 137　拉伸小凸台

图 4 – 138　小凸台创建成功

但是在图中可以看到小凸台的轮廓超出了实体轮廓，可以用切割命令将多余的边角切除。

首先创建一个平面，单击"模型"→"平面"命令，弹出"追加平面"对话框，选择底面，在"要素"选项卡中"自动捕捉到平面要素"，"方法"选择"提取"，单击"√"按钮，完成"平面4"的建立，如图 4 – 139 所示。

图 4 – 139　创建"平面4"

单击"模型"→"切割"命令，"工具要素"选择"平面4"，"对象体"选择实体，如图4-140所示，单击"下一个阶段"命令，残留体选择需要留下的部分，单击"√"按钮，完成实体的切割，用同样的方法将另外几面多余的边角进行切除，切除的效果如图4-141所示。

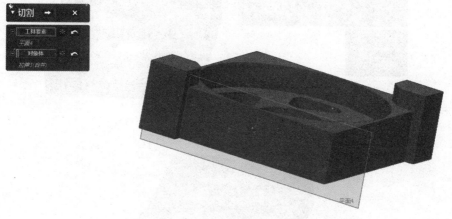

图4-140　切割实体

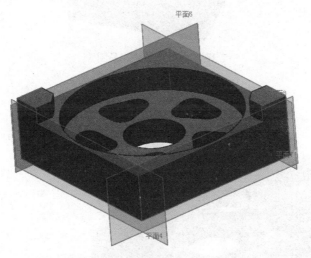

图4-141　全部切割以后的效果

步骤8：倒圆角

单击"模型"→"圆角"命令，在弹出的"圆角"对话框中选择"固定圆角"选项，圆角要素选择大圆孔外面的边线，再单击对话框中"曲面片估算半径"选项，显示半径为"0.899 5"，如图4-142所示，这是扫描得到的数据，实际上圆角半径都是整数，将半径改为"1"，单击"√"按钮，单击右侧分析面板，查看体偏差，圆角显示绿色，圆角区域位于偏差范围内。用同样的方法将其他的边做成圆角，全部圆角做完最终产品如图4-143所示，体偏差分析如图4-144所示。

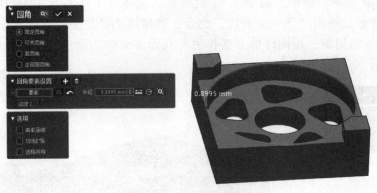

图 4 – 142　"圆角"对话框

图 4 – 143　最终产品图

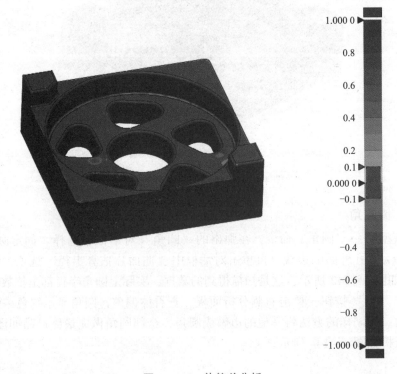

图 4 – 144　体偏差分析

步骤9：导出数据

模型重构全部完成后，将模型导出。单击"文件"→"输出"命令，选择模型，单击"输出"对话框的"√"按钮，选择文件类型为". * stp"，文件名为"duokongduomianjian"，单击"保存"按钮。

✅ 任务评价

评价项目	分　值	得　分
完成自动领域划分	5分	
完成领域合并与分割	5分	
完成零件坐标系的建立	10分	
完成外框架的拉伸	20分	
完成中间孔的创建	20分	
完成凸台的创建	20分	
完成圆角的创建	10分	
检查体偏差并输出模型	10分	

✅ 课后思考

1. Geomagic Design X 软件在实体重构时面片草图的位置如何确定？
2. Geomagic Design X 软件对于规整的零件如何建立零件坐标系？

✅ 拓展任务

利用 Geomagic Design X 软件完成如图 4 - 145 所示产品的模型重构。（原始数据见资源包）

图 4 - 145　拓展任务

第二篇

3D 打印技术

3D 打印技术

3D 打印技术及应用认知

任务一　认知 3D 打印技术

认知 3D 打印技术

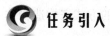 任务引入

　　某厂刚开发了小象玩具的 3D 数字模型，如图 5 – 1 所示。该厂明天要与客户面谈是否采购并大批量生产一批该玩具。有什么办法在大批量生产前，快速获得一些实物样品用于客户展示呢？

图 5 – 1　小象玩具的 3D 数字模型

任务分析

　　生产加工中，大多数产品都是三维的。针对此类产品，传统制造方法是模具成形或者切削加工，该类生产方式需要时间周期较长。3D 打印是制造业的热门技术，与上述两种传统制造方法相比，其类似于燕子衔泥造窝，材料一点一点累加，造出三维物体来，可以跳过模具设计与制造，直接由三维数字模型制作出实物产品。该任务可以采用 3D 打印技术解决。

学习目标

　　知识目标：

1. 了解常见的物体成型方式；
2. 掌握 3D 打印技术的原理；
3. 了解 3D 打印技术的分类；
4. 了解 3D 打印技术的材料。

技能目标:

1. 具备阐述3D打印技术基本原理的能力;
2. 具备寻求快速成型制造方法的能力。

素养目标:

1. 培养学生分析问题、解决问题的能力;
2. 培养学生创新精神。

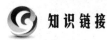 **知识链接**

1. 物体成型方法

目前,物体成型大致可分为去除成型、受迫成型、堆积成型、生长成型4种基本方法。

2. 3D打印

3D打印是一种堆积成形方法,又称增材制造,是快速成型技术的一种,它是一种以数字模型文件为基础,运用粉末状金属或塑料等可黏合材料,通过逐层打印的方式来构造物体的技术。

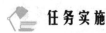 **任务实施**

一、常见的物体成型方式

1. 去除成型

去除成型是运用分离的方法,把一部分材料有序地从基体上分离出去而成型的方法。这种方法通过去除余量材料成型,机械加工车间常见的车、铣、刨、磨、钻、电火花加工、激光切割等都属于此种类型,例如图5-2所示的车削加工。这类成型方法是目前最主要的成型方式。

图5-2 车削加工

2. 受迫成型

受迫成型是利用材料的可成型性在特定的外界约束(边界约束或外力约束)下成型的方法。例如,塑料件加工常用的注射成型、五金件加工常用的冲压成型等,如图5-3所示。此外,还有锻压、铸造、粉末冶金等亦属于该类成型方式。

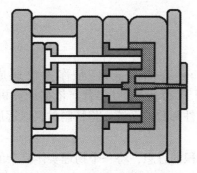

图 5 – 3　注射成型

3. 堆积成型

堆积成型是把材料有序地堆积起来的成型。这种成型方法将材料离散成点、线、面，然后堆积起来而成型。3D 打印技术就是这类成型方法的代表，如图 5 – 4 所示。

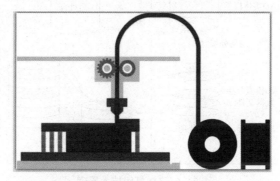

图 5 – 4　3D 打印技术

4. 生长成型

生长成型是利用材料的活性进行成型的方法。自然界中的生物（植物、动物）个体发育均属于生长成型。在制造业，生长成型是一项将生物科学与制造科学相结合的技术，是目前最高层次的成型方法。这种方法根据生物的生长信息、细胞分化来复制自身，从而形成具有特定形状及功能的实物，如图 5 – 5 所示。

图 5 – 5　生长成型

二、3D 打印技术概述

1. 3D 打印技术原理

3D 打印技术（3D Printing Technology），亦称为快速成型技术（Rapid Prototyping Manufacturing）。这种技术起源于 20 世纪 80 年代，依据计算机的三维设计和三维计算，以数字模型文件为基础，通过软件和数控系统，将特制材料以逐层堆积固化、叠加成型的方式构造物体的技术。

3D 打印技术基于离散/堆积的思想，将一个物理实体复杂的三维加工离散成一系列二维层片，然后逐点、逐面进行材料的堆积成型。它是一种降维制造或者称增材制造技术，如图 5 – 6 所示。

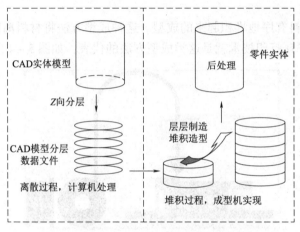

图 5 – 6　3D 打印技术原理

2. 3D 打印技术用到的技术

3D 打印技术是一种全新的制造方式，被认为是最近 20 年世界制造技术领域的一次重大突破。3D 打印需要依托多个学科领域的尖端技术。其具体实施方法分为多种类型，融合的技术也一定区别，但至少包括以下技术：

（1）信息技术：要有先进的设计软件及数字化工具，辅助设计人员制作出产品的三维数字模型，并且根据模型自动分析出打印的工序，自动控制打印器材的走向。

（2）精密机械：3D 打印以"逐层叠加"为加工方式，要生产高精度的产品，必须对打印设备的精准程度、稳定性有较高的要求。

（3）材料科学：用于 3D 打印的原材料较为特殊，必须能够液化、粉末化、丝化，在打印完成后又能重新结合起来，并具有合格的物理、化学性质。

三、3D 打印技术的分类

快速成型技术（简称 RP）是一种基于离散堆积成型思想的新型成型技术，基于成型原理的差异，主要有熔融沉积成型、光固化成型、薄材叠层制造成型、选择性激光烧结技术、三维印刷成型技术、电子束熔融技术等。

1. 熔融沉积成型

该技术也是当前全世界应用最为广泛的一种 3D 打印技术，同时也是最早开源的 3D 打印技术之一。

熔融沉积成型（Fused Deposition Modeling，FDM）是将丝状的热熔性材料加热熔化，通过带有一个微细喷嘴的喷头挤喷出来。喷头可沿着 X 轴方向移动，而工作台则沿 Y 轴方向移动。如果热熔性材料的温度始终稍高于固化温度，而成型部分的温度稍低于固化温度，就能保证热熔性材料挤喷出喷嘴后，随即与前一层面熔结在一起。一个层面沉积完成后，工作台按预定的增量下降一个层的厚度，再继续熔喷沉积，直至完成整个实体造型，如图 5 – 7 所示。其最终产品如图 5 – 8 所示。

熔融沉积成型的每一个层片都是在上一层上堆积而成，上一层对当前层起到定位和支撑的作用。有些较好的 FDM 设备采用双碰头设计，一个喷头用于沉积模型材料，另一个喷头用于沉积支撑材料。

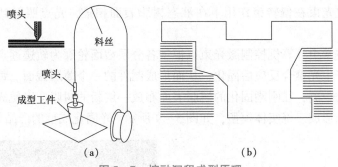

图 5 – 7　熔融沉积成型原理
(a) 工艺原理图；(b) 原型和支撑

图 5 – 8　熔融沉积成型产品

熔融沉积成型的优点有：

（1）系统构造原理和操作简单，维护成本低，系统运行安全。

（2）可以使用无毒的原材料，设备系统可在办公环境中安装使用。

（3）可选用多种材料，如各种色彩的工程塑料 ABS、PC、PPSF 以及医用 ABS 等。用蜡成型的零件原型，可直接用于失蜡铸造。

（4）原材料在成型过程中无化学变化，制件的翘曲变形小。

（5）原材料利用率高，且材料寿命长。

（6）支撑去除简单，不需要化学清洗，分离容易。

熔融沉积成型的缺点有：

（1）成型件的表面有较明显的条纹。

（2）沿成型轴垂直方向的强度比较弱。

（3）需要设计与制作支撑结构。

（4）需要对整个截面进行扫描涂覆，成型时间较长。合理地设计截面内部构造，可以一定程度上节约成型时间。

2. 光固化成型技术

光固化成型技术（SLA），又称为立体光固化成型法。该技术利用紫外光照射在液态光敏树脂上使其凝固的原理进行工作。这种液态材料在一定波长和强度的紫外光（如 $\lambda = 325$ nm）照射下能迅速发生光聚合反应，分子量急剧增大，材料也就从液态转变成固态。液槽中盛满液态光固化树脂，激光束在偏转镜作用下在液态树脂表面扫描，光点照射到的地方，液体就固化。

光固化成型技术由计算机控制激光束以模型各分层截面轮廓为轨迹逐点扫描，使被扫描区内的树脂薄层产生光聚合反应后固化，从而形成制件的一个薄层截面。每固化一层，工作台就下降一精确的距离，在刚刚固化的树脂表面布放一层新的树脂，以便成型在前一层已固化的树脂上，直到形成三维实体模型，如图 5 – 9 所示。光固化成型的产品如图 5 – 10 所示。

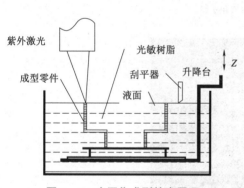

图 5 – 9　光固化成型技术原理

图 5 – 10　光固化成型的产品

光固化成型技术的优点主要有：

（1）尺寸精度高。该技术的产品尺寸精度可以达到 ±0. 1 mm。

（2）成型过程自动化程度高。SLA 系统非常稳定，加工开始后，成型过程可以完全自动化，直至原型制作完成。

（3）表面质量较好。虽然在每层固化时侧面及曲面可能出现台阶，但上表面仍可得到玻璃状的效果。

（4）可以制作结构十分复杂的模型。

（5）可以直接制作面向熔模精密铸造的具有中空结构的消失型。

光固化成型技术的缺点主要有：

（1）尺寸稳定性差。

（2）需要设计工件的支撑结构，否则会引起成型件变形。

（3）设备运转及维护成本较高。

（4）可使用的材料种类较少。

（5）液态树脂具有气味和毒性，并且需要避光保护。

（6）需要二次固化。

（7）液态树脂一般较脆、易断裂，不便进行机加工。

（8）可以使用的材料有限，并且不能多色成型。

3. 薄材叠层制造成型

薄材叠层制造成型（Laminated Object Manufacturing，LOM）又称薄形材料选择性切割。LOM 技术于 1986 年研制成功，曾经是最成熟的快速成型制造技术之一。LOM 工艺采用薄片材料，如纸、塑料薄膜等。片材表面事先涂覆上一层热熔胶，加工时，热压辊热压片材，使之与下面已成型的工件粘接；用 CO_2 激光器在刚粘接的新层上切割出零件截面轮廓和工件外框，并在截面轮廓与外框之间多余的区域内切割出上下对齐的网格；激光切割完成后，工作台带动已成型的工件下降，与带状片材（料带）分离；供料机构转动收料轴和供料轴，带动料带移动，使新层移到加工区域；工作台上升到加工平面；热压辊热压，工件的层数增加一层，高度增加一个料厚；再在新层上切割截面轮廓。如此反复直至零件的所有截面粘接、切割完，得到分层制造的实体零件。如图 5 – 11 所示。

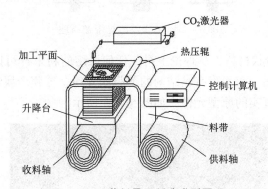

图 5 – 11   薄材叠层制造成型原理

薄材叠层制造成型的优点有：

（1）成型速度较快，因而常用于加工内部结构简单的大型零件。

（2）原型精度高，翘曲变形较小。

（3）制件能承受高达 200 ℃的温度，有较高的硬度和较好的力学性能。

（4）可进行切削加工。

（5）不需要后固化处理。

（6）不需要设计和制作支撑结构。

（7）废料易剥离。

（8）可制作尺寸大的制件。

（9）原材料价格便宜，原型制作成本低。

薄材叠层制造成型的优点有：

（1）不能直接制作塑料工件。

（2）工件（特别是薄壁件）的抗拉强度和弹性不够好。

（3）工件易吸湿膨胀。因此，成型后应尽快进行表面防潮处理（树脂、防潮漆涂覆等）。

（4）工件表面有台阶纹理，难以构建形状精细、多曲面的零件。

4. 选择性激光烧结技术

选择性激光烧结技术（Selected Laser Sintering，SLS）是利用粉末状材料成形的。将材料粉末铺洒在已成型零件的上表面，并刮平；用高强度的 CO_2 激光器在刚铺的新层上扫描出零件截面；材料粉末在高强度的激光照射下被烧结在一起，得到零件的截面，并与下面已成型的部分粘接；当一层截面烧结完后，铺上新的一层材料粉末，选择地烧结下层截面，如图 5 - 12 所示。

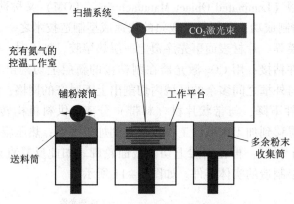

图 5 - 12　选择性激光烧结原理

SLS 技术使用的是粉状材料，从理论上讲，任何可熔的粉末都可以用作制造模型，主要有塑料粉、蜡粉、金属粉、表面附有黏结剂的覆膜陶瓷粉、覆膜金属粉及覆膜砂等。该技术制造出的模型可以用作真实的原型元件，如图 5 - 13 所示。

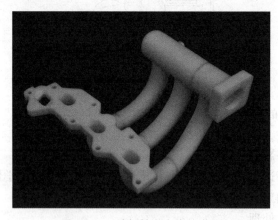

图 5 - 13　选择性激光烧结产品

选择性激光烧结技术的优点有：

（1）可以采用多种材料，包括类工程塑料、蜡、金属、陶瓷等。

（2）成型过程与零件复杂程度无关，制件的强度高。

（3）材料利用率高，未烧结的粉末可重复使用，材料无浪费。

（4）不需要支撑结构。

（5）与其他工艺相比，制件具有较好的力学性能，成品可直接用作功能测试或小批量使用，能生产较硬的模具。

选择性激光烧结技术的缺点有：

（1）设备成本较高。

（2）成型件结构疏松、多孔，且有内应力，制件易变形。

（3）成型表面粗糙多孔，并受粉末颗粒大小及激光光斑的限制。

（4）需要预热和冷却，后处理工序复杂。

（5）成型过程产生有毒气体和粉尘，污染环境。

5. 三维印刷成型技术

三维印刷成型技术（Three - Dimension Printing，3DP）与 SLS 工艺类似，采用粉末材料成型，如陶瓷粉末、金属粉末。所不同的是材料粉末不是通过烧结连接起来的，而是通过喷头用黏结剂（如硅胶）将零件的截面"印刷"在材料粉末上面。用黏结剂粘接的零件强度较低，还需后处理。上一层粘接完毕后，成型缸下降一个距离，供粉缸上升一高度，推出若干粉末，并被铺粉辊推到成型缸，铺平并被压实。喷头在计算机控制下，按下一建造截面的成型数据有选择地喷射黏结剂建造层面。铺粉辊铺粉时多余的粉末被集粉装置收集。如此周而复始地送粉、铺粉和喷射黏结剂，最终完成一个三维粉体的粘接，如图 5 – 14 所示。

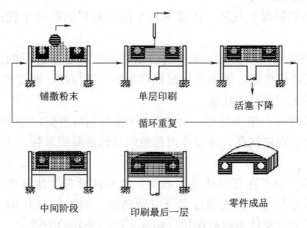

图 5 – 14　三维印刷成型技术原理

三维印刷成型技术的优点有：

（1）成型速度快，成型材料价格低，适合做桌面型的快速成型设备。

（2）在黏结剂中添加颜料，可以制作彩色原型，这是该工艺最具竞争力的特点之一。

（3）成型过程不需要支撑，多余粉末的去除比较方便，特别适合于做内腔复杂的原型。

三维印刷成型技术的缺点有：

（1）产品的强度较低，只能做概念型模型，而不能做功能性试验。

（2）表面手感略显粗糙，这是以粉末为成型材料的工艺都有的缺点。

6. 电子束熔融技术

电子束熔融技术（Electron Beam Melting，EBM）是一种新兴的先进金属快速成型制造技术，其原理是将零件的三维实体模型数据导入 EBM 设备，然后在 EBM 设备的工作舱内平铺一层微细金属粉末薄层，利用高能电子束经偏转聚焦后在焦点所产生的高密度能量使被扫描到的金属粉末层在局部微小区域产生高温，导致金属微粒熔融，电子束连续扫描将使一个个微小的金属熔池相互融合并凝固，连接形成线状和面状金属层，如图 5 – 15 所示。

该技术无须扫描机械运动部件，电子束移动方便，可实现快速偏转扫描功能。由于电子束的能量利用率高，熔化穿透能力强，可加工材料广泛等特点，因此 EBM 在人体植入、航空航天小批量零件、野战零件快速制造等方面具有独特的优势。

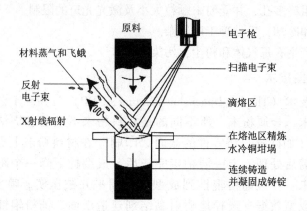

图 5 –15　电子束熔融技术原理

电子束熔融技术的优点有：

（1）成型过程不消耗保护气体。该技术完全隔离外界的环境干扰，不需要担心金属在高温下的氧化问题。

（2）成型过程不需要预热。由于成型过程是在真空状态下进行的，热量的散失只有靠辐射完成，对流不起任何作用，因而成型过程热量能得到保持，温度常维持在 600 ~ 700 ℃，没有预热装置，却能实现预热的功能。

（3）产品力学性能好，组织致密，可达到 100% 的相对密度。由于成型过程在真空下进行，成型件内部一般不存在气孔，成型件内部组织呈快速凝固形貌，力学性能甚至比锻压成型试件都要好。

（4）产品杂质少。由于在真空环境中成型，成型件没有其他杂质，原汁原味地保持着原始的粉末成分。这是其他快速成型技术难以做到的，例如在 SLM 中，即使采用充氩气保护，仍有可能因成型室气密性不强或保护气纯度不够引进新的杂质。

（5）成型过程可采用粉末作为支撑 ，一般不需要额外添加支撑。

电子束熔融技术的缺点有：

（1）受制于电子束无法聚到很细，该设备的成型精度还有待进一步提高。

（2）成型前需长时间抽真空，使得成型准备时间很长；且抽真空消耗相当多电能，总功耗中抽真空占去了大部分。

（3）成型完毕后，由于不能打开真空室，热量只能通过辐射散失，降温时间长，降低了成型效率。

（4）真空室的四壁必须高度耐压，设备甚至需采用厚度达 15 mm 以上的优质钢板焊接密封成真空室，这使整机的质量比其他 3 D 打印直接制造设备重很多。

（5）为保证电子束发射的平稳性，成型室内要求高度清洁，因而在成型前必须对真空室进行彻底清洁，即使成型后也不可随便将真空室打开，这也给工艺调试造成了很大困难。

（6）由于采用高电压，成型过程会产生较强的 X 射线，需采取适当的防护措施。

四、3D 打印技术的材料

1. 3D 打印材料概述

3D 打印技术的兴起和发展离不开 3D 打印材料的发展。3D 打印有多种技术种类，每种打印技术的打印材料都是不一样的。基于 3D 打印的成型原理，其所使用的原材料必须能够液化、粉末化或者丝化，在打印完成后又能重新结合起来，并具有合格的物理、化学性能。除了模型成型材料还有辅助成型的凝胶剂或其他辅助材料，以提供支撑或用来填充空间，这些辅助材料在打印完成后需要处理去除。

可用于 3D 打印的材料种类越来越多，从树脂、塑料到金属，从陶瓷到橡胶类材料都可作为成型材料。应用较多的主要是高分子材料和金属材料两大类，高分子材料如光敏树脂、ABS、PLA、PC、尼龙粉、石膏粉、蜡等是 3D 打印的常用材料。金属材料受工艺局限、成本价格等因素影响，其使用范围不如高分子材料广泛，但基于其较好的使用性能，近年来得到更多的研发投入和实际使用。同时，随着技术的发展，一些混合材料的应用也渐渐多了起来。

常见的 3D 打印技术所用材料类型如表 5 – 1 所示。

表 5 – 1　常见的 3D 打印技术所用材料类型

序号	3D 打印技术类型	使用材料类型
1	熔融沉积成型	热塑性塑料、金属、蜡、可食用材料
2	光固化成型	光敏树脂
3	分层实体制造	纸、金属膜、塑料薄膜
4	激光烧结成型	热塑性塑料、金属粉末、陶瓷粉末
5	粉末黏结成型	陶瓷粉末、金属粉末、塑料粉末、石膏粉末
6	电子束熔化成型	金属

1. 塑料类

当前应用最广泛、相对较为经济的 3D 打印材料是塑料。常见的有 ABS 材料、PC 材料、PLA（聚乳酸）材料、PMMA（聚甲基丙烯酸甲酯）材料和尼龙材料等。

1）工程塑料

工程塑料，简称 ABS，该材料无毒、无味，呈象牙色，具有优良的综合性能，有极好的耐冲击性，尺寸稳定性好，电性能、耐磨性、抗化学药品性、染色性、成型加工和机械加工性能较好。它的正常形变温度超过 90 ℃，可进行机械加工（如钻孔和攻螺纹）、喷漆和电镀等，是常用的工程塑料之一。它的缺点是热变形温度较低，可燃，耐候性（即耐大气腐蚀的性能）较差。

ABS 材料是 FDM 工艺中最常使用的打印材料，由于其具有良好的染色性，目前有多种颜色可以选择，这使得打印出的实物省去了上色的步骤。3D 打印使用的 ABS 材料通常做成细丝盘状，通过 3D 打印喷嘴加热溶解成型。ABS 材料是消费级 3D 打印用户最喜爱的打印材料，如打印玩具和创意家居饰品等。

2）聚碳酸酯

聚碳酸酯，简称 PC，该材料是一种无色透明的无定形热塑性材料。PC 材料无色透明，

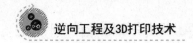

耐热，抗冲击，阻燃，在普通使用温度内具有良好的力学性能，但耐磨性较差，一些用于易磨损用途的 PC 器件需要对表面进行特殊处理。

PC 材料是真正的热塑性材料，具备高强度、耐高温、抗冲击、抗弯曲等工程塑料的所有特性，可作为最终零部件材料使用。使用 PC 材料制作的样件，可以直接装配使用。PC 材料的颜色较为单一，只有白色，但其强度比 ABS 材料高出 60% 左右，具备超强的工程材料属性，广泛应用于电子消费品、家电、汽车制造、航空航天和医疗器械等领域。

3）聚乳酸

聚乳酸，又称聚丙交酯，简称 PLA，该材料是以乳酸为主要原料聚合得到的聚酯类聚合物，是一种新型的生物降解材料。聚乳酸的热稳定性好，加工温度在 170～230 ℃，有好的抗溶剂性，可用多种方式进行加工。由聚乳酸制成的产品除能生物降解外，生物相容性、光泽度、透明性、手感和耐热性好。

PLA 塑料熔丝是目前在 FDM 技术中常用的打印材料。PLA 塑料熔丝一般情况下不需要加热床，容易使用，而且更加适合低端的 3D 打印机。

4）PC - ABS 复合材料

PC - ABS 复合材料也是一种应用广泛的热塑性工程塑料。PC - ABS 复合材料兼具了ABS 材料的韧性和 PC 材料的高强度及耐热性，大多应用于汽车、家电及通信行业。使用该材料制作的样件强度较高，可以实现真正热塑性部件的生产，可用于概念模型、功能原型、制造工具及最终零部件等。

2. 光敏树脂

光敏树脂，也称为 UV 树脂，该材料由聚合物单体与预聚体组成，其中添加光（紫外光）引发剂（或光敏剂），在一定波长的紫外光照射下能立刻引起聚合反应完成固化。光敏树脂一般为液态，可用于制作高强度、耐高温、防水的产品。常见的光敏树脂有 Somos 11122 材料、Somos 19120 材料和环氧树脂。

1）Somos 11122

该材料看上去更像是真实透明的塑料，具有优秀的防水和尺寸稳定性，能提供多种类似工程塑料（包括 ABS 材料和 PBT 材料在内）的特性，这些特性使它很适合应用在汽车、医疗以及电子类产品等领域。

2）Somos 19120

该材料为粉红色材质，是一种铸造专用材料，成型后可直接代替精密铸造的蜡膜原型，避免开发模具的风险，大大缩短周期，拥有低残留灰烬和高精度等特点。

3）环氧树脂

该材料是一种便于铸造的激光快速成型树脂，其含灰量极低（800 ℃时的残留含灰量 ＜0.01%），可用于熔融石英和氧化铝高温外壳系统，而且不含重金属锑，可用于制造极其精密的快速铸造型模具。

3. 橡胶类材料

橡胶类材料具备多种级别弹性材料的特征，这些材料所具备的硬度、断裂伸长率、撕裂强度和抗拉强度，使其非常适合于要求防滑或柔软表面的应用领域。3D 打印的橡胶类产品主要有消费类电子产品、医疗设备、汽车内饰、轮胎和垫片等。

4. 金属材料

近年来，金属材料的 3D 打印技术发展尤为迅速。3D 打印所使用的金属粉末一般要求纯净度高、球形度好、粒径分布窄、氧含量低。目前，应用于3D打印的金属粉末材料主要有钛合金、钴铬合金、不锈钢和铝合金等材料，此外还有用于打印首饰的金、银等贵金属粉末材料。

1）钛合金

该材料因具有强度高、耐蚀性好、耐热性高等特点而被广泛用于制作飞机发动机、压气机部件，以及火箭、导弹和飞机的各种结构件。

2）钴铬合金

该材料是一种以钴和铬为主要成分的高温合金，它的耐蚀性能和力学性能都非常优异，用其制作的零部件强度高、耐高温。

采用3D打印技术制作的钛合金和钴铬合金零部件，强度非常高，尺寸精确，能制作的最小尺寸可达1 mm，而且其力学性能优于锻造工艺制作的同类零部件。

3）不锈钢

该材料以其耐空气、蒸汽、水等弱腐蚀介质和酸、碱、盐等化学侵蚀性介质腐蚀而得到广泛应用。不锈钢粉末是3D打印经常使用的一类性价比较高的金属粉末材料。3D打印的不锈钢模型具有较高的强度，而且适合打印尺寸较大的物品。

5. 陶瓷材料

陶瓷材料具有高强度、高硬度、耐高温、低密度、化学稳定性好、耐腐蚀等优异特性，在航空航天、汽车、生物等行业有着广泛的应用。但是，陶瓷材料硬而脆的特点，使其加工成型尤为困难，特别是复杂陶瓷件需通过模具来成型，但模具加工成本高、开发周期长，难以满足产品不断更新的需求。

6. 其他3D打印材料

除了上面介绍的3D打印材料外，目前用到的还有彩色石膏材料、人造骨粉、细胞生物原料以及砂糖等材料。

彩色石膏材料是一种全彩色的3D打印材料，是基于石膏的、易碎的、坚固且色彩清晰的材料。基于在粉末介质上逐层打印的成型原理，其3D打印成品在后处理完毕后，表面可能出现细微的颗粒效果，外观很像岩石，在曲面表面可能出现细微的年轮状纹理，因此多应用于动漫玩偶等领域。

✅ 任务评价

针对图5-1所示3D模型，采用熔融沉积成型（FDM）获得的3D打印产品如图5-16所示。

图5-16 采用FDM技术成型

评价项目	分　值	得　分
能够指出快速获取图5-16实物模型的方法	40分	
能够列举3种以上3D打印技术	30分	
能够列举3种以上3D打印材料	30分	

✅ 课后思考

1. 按照成型原理的差异，3D打印技术可分为哪些类型？
2. 常用于3D打印技术的材料有哪些？

✅ 拓展任务

请上网查阅资料，了解3D打印技术的发展历史，完成项目报告。

任务二　了解3D打印技术的应用

⚙ 任务引入

自3D打印技术出现以后，产品加工方法更为丰富起来。随着时代的
不断进步，3D打印技术将会更多地吸引社会的关注。你知道3D打印技
术可以应用于哪些领域吗？

了解3D打印技术的应用

👥 任务分析

3D打印技术正逐渐融入设计、研发以及生产的各个环节，高度融合材料科学、制造工
艺与信息技术等并创新。3D打印技术在各个领域都取得了广泛的应用，如在消费电子产品、
汽车、航天航空、医疗、军工、地理信息、艺术设计等方面。要阐述3D打印技术的应用，
需要明确其相较传统制造方法的优点和缺点。

🎯 学习目标

知识目标：
1. 了解3D打印技术的特点；
2. 了解3D打印技术的应用领域。

技能目标：
1. 具备比较传统制造工艺与3D打印技术优劣的能力；
2. 初步具备阐述3D应用的能力。

素养目标：
1. 培养学生分析问题、解决问题的能力；
2. 培养学生团队协作的能力。

知识链接

3D 打印技术与传统加工方法的区别：

3D 打印技术是对材料做"加法"的增材制造，与传统机械切割原料或通过模具成型的传统制造工艺有很大不同。它可以将复杂的零件加工问题通过离散处理实现简单化。它与传统加工方法相比，在制造流程、材料选取、柔性生产等方面体现一定的优势。同时，由于 3D 打印技术的原理限制，其也有一定的缺点。

任务实施

一、3D 打印技术的特点

现今社会越来越倾向于数字化，在计算机技术普及、新型设计软件、新材料应用等诸多技术推动下，3D 打印凭借其独特的制造技术可将虚拟的、数字的物品快速还原到实体世界，快速得到个性化的产品，尤其是形状复杂、结构精细的物体，这种生产方式符合社会发展的大趋势。

3D 打印技术的优点有：

（1）可以制造任意复杂的三维几何实体。离散/堆积成型的原理，将十分复杂的三维制造过程简化为二维过程的叠加。

（2）快速原型产品单价与原型的复杂程度和原型数量均无关。

（3）高度柔性。成型过程无须专用工具或夹具，通过对 CAD 模型的修改重组就可获得新零件的设计和加工信息。

（4）快速性。从 CAD 设计到产品加工完毕，只需几十分钟至几十小时。

（5）成型过程中信息过程和材料过程的一体化，尤其适合成型材料为非均质的原型。

（6）良好的经济效益。降低小批量产品的周期，减少零件的数量。

（7）技术的高度集成。集成了 CAD、CNC、激光、材料等技术。对设计约束越来越小，零件制造技能低，与反求工程（RE）实现精确复制。

3D 打印技术的缺点有：

（1）制造精度问题。3D 打印技术的成型原理是层层堆叠成型，这使得其产品中普遍存在台阶效应，如图 5-17 所示。尽管不同方式的 3D 打印技术台阶效应不同，例如粉末激光烧结技术已尽力降低台阶效应对产品表面质量的影响，但效果并不尽如人意。分层厚度虽然已被分解得非常薄，仍会形成"台阶"，对于表面是圆弧形的产品来说，精度的偏差是不可避免的。

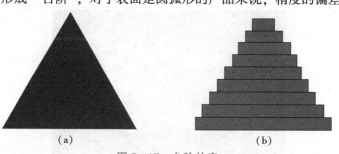

（a）　　　　　　　　　（b）

图 5-17　台阶效应

（a）数字模型；（b）打印实物

（2）产品性能问题。层层堆叠成型的方式，使得层与层之间的衔接无法与传统制造工艺整体成型的产品性能匹敌，在一定的外力作用下，打印的产品很容易解体，尤其是层与层之间的衔接处。

（3）材料问题。目前可供3D打印机使用的材料，尽管种类在不断扩大，但相对于应用需求来讲还是太少，即使可以在3D打印机上使用，其产品的功能性如何尚未可知。

（4）成本问题。目前，使用3D打印机进行生产制造，高精度核心设备价格高昂，成型材料和支撑材料等耗材需制成专用材料，价格不菲，这使得在不考虑时间成本时，3D打印对传统加工的优势荡然无存。

二、3D打印技术的应用

1. 工业制造

3D打印技术在工业制造领域的应用不言而喻，其在产品概念设计、原型制作、产品评审和功能验证等方面有着明显的应用优势。传统制造业是生产线规模化生产，3D打印是个性化的定制生产。运用3D打印技术能够快速、直接、精确地将设计思想转化为具有一定功能的实物样件，对于制造单件、小批量金属零件或某些特殊复杂的零件尤其适用，如图5-18所示。这样，3D打印技术开发周期短、成本低的优势便凸显出来，使得企业在竞争激烈的市场中占有先机。

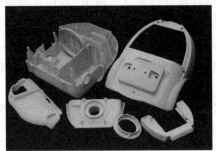

图5-18 3D打印的零件

2. 医疗行业

3D打印技术在医疗领域发展迅速，市场份额不断提升。3D打印技术为患者提供了个性化治疗的条件，可以根据患者的个人需求定制模型假体，如假牙、义肢等，甚至人造骨骼也已成为现实。通过3D打印技术可以很容易得到病人的软、硬组织模型，用于教学和病例讨论、模拟手术、整形手术效果比较好，如图5-19所示。

图5-19 3D打印的医疗用品

3. 航空航天，国防军工

在航空航天领域会涉及很多形状复杂、尺寸精细、性能特殊的零部件、机构的制造。3D打印技术可以直接制造这些零部件，并制造一些传统工艺难以制造的零件。例如，成功研制出世界上第一台3D打印的喷气发动机，如图5-20所示。

图 5-20　3D 打印的喷气发动机

4. 文化创意

3D打印独特的技术优势使得它成为那些形状结构复杂、材料特殊的艺术表达很好的载体，不仅是模型艺术品，甚至是电影道具、角色等，如图5-21所示。

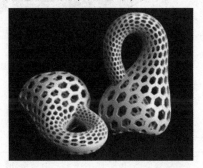

图 5-21　3D 打印的创意产品

5. 艺术设计

对于很多基于模型的鞋类、服饰、珠宝和玩具等，3D打印技术也很容易实现，能更好地展示设计者的设计理念，如图5-22所示。3D打印技术能方便快捷地将产品模型提供给客户和设计团队观看，提供及时沟通、交流和改进的可能，在相同的时间内缩短了产品从设计到市场销售的时间，以达到全面把控设计顺利进行的目的。快速成型使更多的人有机会展示丰富的创造力，使艺术家们可以在最短的时间内释放出崭新的创作灵感。

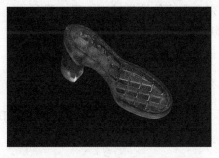

图 5-22　3D 打印展现艺术设计理念

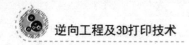

6. 建筑工程

设计建筑物或者进行建筑效果展示时，常会制作建筑模型。3D打印建筑机器用的"油墨"原料主要是建筑垃圾、工业垃圾和矿山尾矿，另外的材料主要是水泥和钢筋，还有特殊的助剂。

传统建筑模型采用外包加工手工制作而成，手工制作工艺复杂，耗时较长，人工费用过高，而且也只能作简单的外观展示，无法还原设计师的设计理念，更无法进行物理测试。3D打印可以方便、快速、精确地制作建筑模型，展示各式复杂结构和曲面，并可用于外观展示及风洞测试，还可在建筑工程及施工模拟中应用。有的巨型3D打印设备甚至可以直接打印建筑物本身，如图5－23所示。

图5－23　3D打印建筑

✓ 任务评价

评价项目	分　值	得　分
能够指出3D打印技术的优点	30分	
能够指出3D打印技术的缺点	30分	
能够列举3种以上3D打印的应用领域	40分	

✓ 课后思考

1. 你觉得3D打印机能完全取代传统机械加工吗？为什么？
2. 你觉得医疗领域中哪些地方可以使用3D打印？

✓ 拓展任务

请上网查阅资料，了解3D打印技术的应用案例，体会3D打印的优势，并完成项目报告。

基于熔融沉积成型工艺制作模型

任务一　无支撑模型的制作——以鼠标为例

无支撑模型的制作

任务引入

本次任务是基于易博 HotPoint – I 3D 打印机，完成鼠标模型的原型制作，鼠标 3D 模型如图 6 – 1 所示。模型在打印前，首先利用 Geomagic Wrap 进行诊断和修复，然后导入 Cura 软件进行切片，生成打印文件，最后将文件通过导入 HotPoint – I 进行打印，完毕后对模型进行后处理。

图 6 – 1　鼠标 3D 模型

任务分析

鼠标模型打印流程主要有：模型诊断与修复→模型切片→3D 打印→模型后处理环节。

学习目标

知识目标：
1. 了解 3D 打印的基本流程；
2. 掌握模型修复软件相关命令含义；
3. 掌握 Cura 切片软件各命令及参数含义；
4. 熟悉各种 3D 打印后处理工具用法。

技能目标:

1. 具备模型分析、诊断和修复的能力;
2. 具备模型合理设置切片的能力;
3. 具备对打印模型进行后处理的能力。

素养目标:

1. 培养学生分析问题、解决问题的能力;
2. 培养学生创新精神。

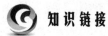 **知识链接**

1. 开流形和闭流形

Geomagic Wrap 软件中,流形三角形是指与其他三角形三边相接或者两边相接(一边重合)的三角形。"流形"是用于删除非流形三角形的一组命令。

开流形:从开放的流形对象中删除非流形三角形。

闭流形:从封闭的流形(体积封闭)对象中删除非流形三角形。在开放的流形对象上,所有三角形均会被视为非流形,并且整个对象都会被删除。

2. CURA 切片软件基本参数

层高:模型每一层的高度,一般为 0.1~0.3 mm,最大层高不能超过喷头直径的 80%,默认 0.2 mm,设置数值越大,打印速度越快,但是打印质量变差。

壁厚:模型内壁和外壁的厚度,一般为喷嘴孔径的倍数,默认 0.8 mm,也可设置别的参数,该参数决定了走线次数和厚度。

开启回退:默认开启,开启后可以避免模型拉丝。

底层/顶层厚度:模型底面和顶面的厚度,一般和壁厚相同。

填充密度:模型内部的填充量,0% 为空心,100% 为实心,根据模型打印强度自行调整,一般默认 20%。

打印速度:模型打印喷嘴的移动速度,一般为 50~80 mm/s,最快设置 150 mm/s,建议打印复杂模型时用低速,打印简单模型时用高速,速度过高会引起送丝不足,请谨慎使用。

喷头/热床温度:PLA 耗材一般为喷头 195~205 ℃,热床 45~55 ℃。

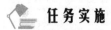 **任务实施**

一、鼠标模型诊断与修复

步骤1:导入模型到 Geomagic Wrap

双击 Geomagic Wrap 快捷方式,打开软件,在弹出的对话框中选择"导入"命令,弹出"导入文件"对话框,选择模型,单击"打开"按钮。操作如图 6-2 所示。

步骤2:模型诊断与修复

(1)在弹出的对话框中,单击"是"按钮,进入"网格医生"对话框进行修复,系统根据模型诊断"非流形边""自相交""高度折射边""钉状物""小组件""小通道""小孔"等问题，并将数量显示在相应项目后面。然后单击"应用"按钮进行修复，修复完毕后单击"更新"按钮，如果问题数量不是0，继续单击"应用"按钮进行修复，如此往复，直到数量清零，如图6-3所示。最后单击"确定"按钮，关闭"网格医生"对话框。

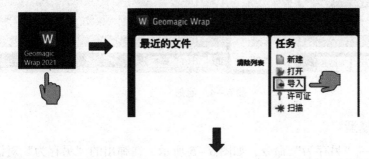

图6-2　导入模型

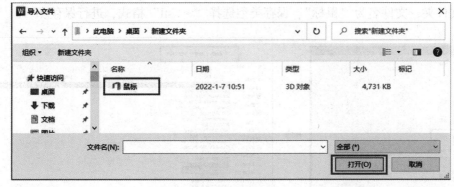

图6-3　"网格医生"对话框

（2）切换到"多边形"选项卡，单击"流形"命令三角符号，如图6-4所示，单击"开流形"命令，完成流形问题修复。

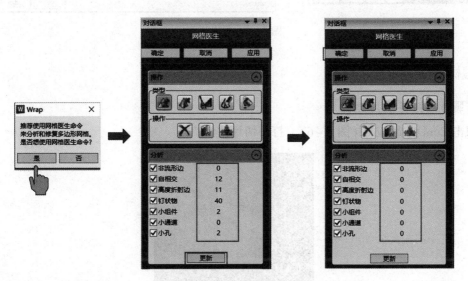

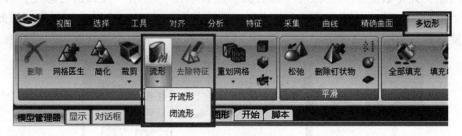

图 6 - 4　流形

步骤 3：导出模型

选择"菜单"→"另存为"命令，如图 6 - 5 所示，在弹出的"另存为"对话框中，选择保存文件夹，文件名为"鼠标"，保存类型选择"∗.stl"格式，进行保存。

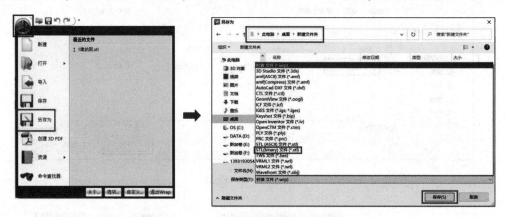

图 6 - 5　导出模型

二、鼠标模型切片

步骤 1：打开切片软件

双击 Cura 快捷方式（图 6 - 6），打开切片软件。

图 6 - 6　Cura 软件快捷方式

步骤 2：机器设置

选择"机器"选项卡，在弹出的对话框选择"机器设置"选项，然后弹出"机器设置"对话框，根据3D打印机实际参数进行参数设置，设置完毕后单击"确认"按钮，完成打印机基本参数设置。

易博 HotPoint – I 3D 打印机参数设置如图6 – 7所示。

图6 – 7　机器设置

步骤3：加载模型

选择加载图标，弹出"加载文件"对话框，选择鼠标模型所在的文件夹，选择鼠标模型，单击"打开"按钮（图6 – 8），完成模型加载。

图6 – 8　加载模型

步骤4：调整模型方位

单击"Rotate"图标，模型上出现3个圆，鼠标左键选择其中一个圆后不松开，沿着圆移动鼠标，可以调整模型方位，调整后的方位要方便打印和拆卸，尽可能减少支撑，如图6 – 9所示。

本案例鼠标模型底部是一个平面，建议将地平面与平台接触，减少支撑，方便后期拆卸。

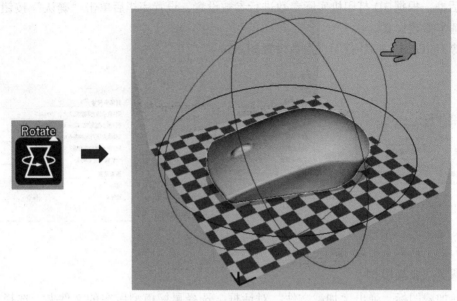

图 6 – 9 调整模型方位

步骤 5：调整模型比例

单击"Scale"图标，弹出"尺寸调整"对话框（图 6 – 10），根据模型尺寸和平台尺寸，合理调整 X、Y、Z 比例和 X、Y、Z 尺寸，系统默认比例和尺寸同步变化，即某方向比例或尺寸调整后，其他方向比例或尺寸也同比例变化。如果想单独调整某方向尺寸，单击"Uniform scale"后面的 🔒 图标，使其变成 🔓 状态，即调整单方向比例或尺寸。

本案例模型尺寸不大，建议比例为 1:1。

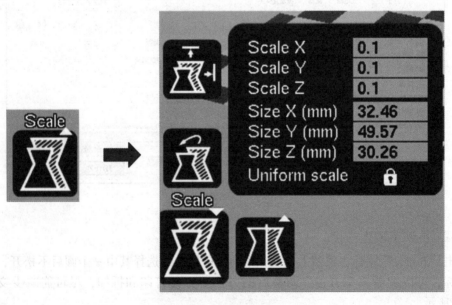

图 6 – 10 调整模型比例

步骤 6：镜像模型

单击"Mirror"图标，可以设置镜像形式，系统提供三种镜像形式，分别为 Mirror X、Mirror Y 和 Mirror Z，如图 6-11 所示。

因摆放位置不同，镜像后模型方位可能会发生较大变化，本案例模型根据三种镜像适当选择。

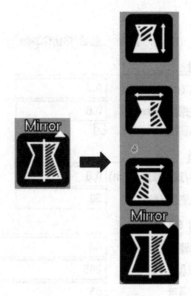

图 6-11　镜像模型

步骤 7：右键设置命令

在模型后单击鼠标右键，弹出右键菜单，如图 6-12 所示，在右键菜单中可以设置"居中""删除物体""倍增物体""拆分成零件""删除所有的物体"和"重新加载所有物体"。"居中"命令使物体摆放在平台中心；"删除物体"命令用于删除模型；"倍增物体"命令用于多个相同模型打印设置；"拆分成零件"命令用于组合件的拆分打印；"删除所有的物体"命令是将所有加载模型删除；"重新加载所有物体"命令相当于将模型删除后再次加载到平台中，前期旋转和比例设置等都失效，需要重新设置。

本案例模型根据情况合理使用右键命令。

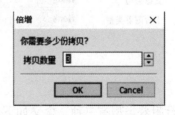

图 6-12　右键设置命令

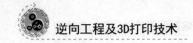
步骤8：基本打印参数设置

选择"基本"选项卡，设置"质量""填充""速度＆温度"等相关参数，各参数含义详见前文"知识链接"。

本案例模型参数建议层高设为 0.2 mm，外壳厚度为 0.8 mm，底部/顶部厚度为 0.8 mm，填充密度为 50%，打印速度为 60 mm/s，打印温度为 205 ℃，热床温度为 55 ℃，如图 6-13 所示。

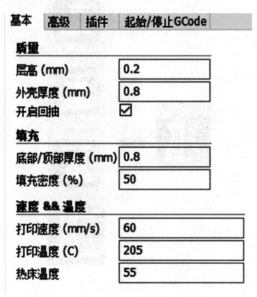

图 6-13　基本参数设置

模型打印时，根据模型特征需要添加支撑和设置平台附着类型。

支撑有三种选择（图 6-14），含义如下：

（1）None——无支撑。

（2）Touching buildplate——系统根据支撑悬垂角度设置，自动计算需要支撑起来的悬空部分，并建立可到达平台的悬空支架，推荐选择该支撑类型。

（3）Everywhere——全部支撑，模型所有悬空部分全部建立支撑。

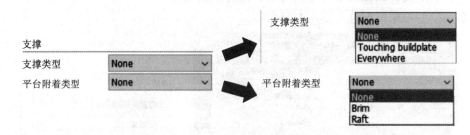

图 6-14　支撑设置

平台附着类型有三种，含义如下：

（1）None——"无"，模型直接与平台接触附着。

（2）Brim——"沿边"，模型底层边增加数圈薄层，薄层数可调。

（3）Raft——"底座"，打印模型前先打印一个底座，厚度可调。

线材直径根据所用耗材确定，一般为 1.75 mm，流量默认为 100%，如图 6－15 所示。

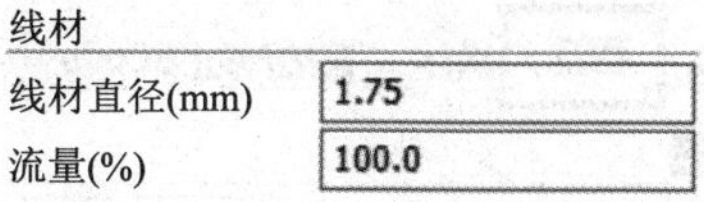

线材	
线材直径(mm)	1.75
流量(%)	100.0

图 6－15　线材设置

本案例模型部分特征过渡均匀，不需要进行局部支撑，选择"None"支撑类型，平台附着选择"Brim"，线材设置为 1.75 mm，流量为 100%。

步骤 9：高级参数设置

切换到"高级"选项卡，弹出"高级设置"对话框，相关参数设置如下：

（1）喷嘴大小为固定值，根据实际喷嘴确定参数，默认为 0.4 mm，过大或过小都会引起送料异常。

（2）回抽速度和长度：是回退丝的速度和长度，回抽速度一般为 80～100 mm/s，不要设置太高，回退长度一般 5～10 mm。

（3）初始层厚度：是第一层的打印厚度，稍大的厚度和较小的底层打印速度可使模型更好地粘贴在平台上。

（4）Initial layer line with（%）：是指初始层线宽，用于第一层挤出宽度设置，100% 为正常挤出宽度，较大的宽度可增加模型与平台的黏度。

（5）模型下沉：是当模型底部不平整或者太大时，下层模型，下沉进平台的部分就不会被打印。使用这个参数，可以切除一部分模型再打印。默认值为 0。

（6）双喷头叠加量：是当所打实物有不同颜色时，添加一定的重叠挤出，可让不同的颜色融合得更好。

（7）移动速度：此移动速度指非打印状态下的移动速度，建议不要超过 150 mm/s，否则可能造成电动机丢步。

（8）底层打印速度：指打印底层时的速度。这个值通常会设置得很低，这样能使底层和平台黏附得更好。

（9）内部填充打印速度：指打印模型内部填充的速度。当设置为 0 时，会使用打印速度作为填充速度。高速打印填充能节省很多打印时间，但是可能会对打印质量造成一定消极影响。

（10）外壳打印速度：指打印外壳时的速度。当设置为 0 时，会使用打印速度作为外壳速度。使用较低的打印速度可以提高模型打印质量，但是如果外壳和内部打印速度相差较大，可能会对打印质量有一些消极影响。

（11）内部打印速度：指打印内壁时的速度。当设置为 0 时，会使用打印速度作为外壳速度。使用较高的打印机速度可以减少模型的打印时间，需要设置好外壳速度、打印速度、填充速度之间的关系。

（12）每层最少时间：指打印每层至少要耗费的时间，在打印下一层前留一定时间让当前层冷却。如果当前层会被很快打印完，那么打印机会适当降低速度，以保证有这个设定时间。默认值为 5 s。

（13）使用冷却风扇：指在打印期间开启风扇冷却。在快速打印时开启风扇冷却是很有必要的。

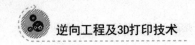

本项目案例高级参数设置参考图6-16。

基本	**高级**	插件	起始/停止GCode

机器

喷嘴大小 (mm) | 0.4

回抽

速度 (mm/s) | 40.0
回抽长度 (mm) | 6.0

质量

初始层厚度 (mm) | 0.3
Initial layer line with (%) | 100
模型下沉 (mm) | 0.0
双喷头叠加量 (mm) | 0.15

速度

移动速度 (mm/s) | 50
底层打印速度 (mm/s) | 20
内部填充打印速度 (mm/s) | 60
外壳打印速度 (mm/s) | 0.0
内部打印速度 (mm/s) | 0.0

冷却

每层最少时间 (秒) | 2
使用冷却风扇 | ☑

图6-16 高级参数设置

步骤10：专家设置

选择"高级选项"选项卡，在下拉菜单中选择"打开专家设置"选项，弹出"专家设置"对话框，专家设置参数较多，下面主要解释几个关键参数：

（1）生成支撑的悬空角度：在模型上判断需要生成支撑的最小角度，一般默认60°，0°是水平的，90°是垂直的。

（2）填充数量：支撑材料的填充密度，较少的材料可以让支撑比较容易剥离。15%是个比较合适的值。

（3）X/Y距离：指支撑材料在 *X/Y* 方向和物体的距离。0.7 mm 是一个比较合适的支撑距离，这样支撑和打印物体不糊黏在一起。

本案例模型的专家设置参数建议保持默认参数，如图6-17所示。

步骤11：查看打印情况

单击"view mode"图标，可以选择不同的视图模式，在下拉图标中，选择"Layers"图标，结合在模型界面右侧的滑动条，可以查看打印层情况。

本案例模型打印情况如图6-18所示。

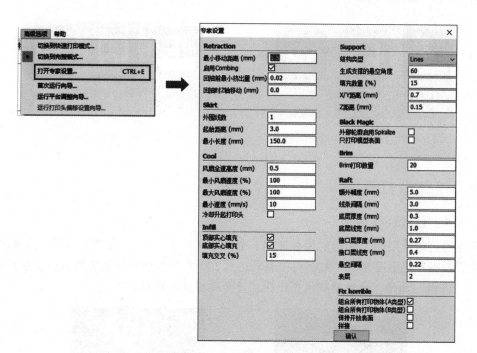

图 6 – 17　专家设置

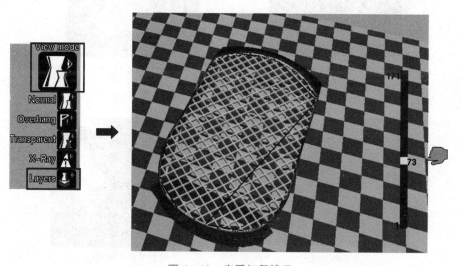

图 6 – 18　查看打印情况

步骤 12：查看打印时间和耗材使用情况

在"SD"图标下方，可以查阅模型打印预估时间和使用耗材长度。模型打印相关参数更改后，打印时间和使用耗材长度会及时更新。

本案例模型预估时间和耗材如图 6 – 19 所示。

步骤 13：导出打印文件

单击"SD"图标，将生成的 ∗.gcode 打印文件保存在 U 盘或计算机中，如图 6 – 20 所示。因部分 3D 打印机不识别中文，因此打印名称尽可能是英文字母或数字，且不要有特殊符号。

图 6 - 19　打印时间和消耗耗材

图 6 - 20　导出打印文件

三、鼠标模型 3D 打印

步骤 1：装载耗材

在进行打印模型前，首先要装载耗材，如图 6 - 21 所示。首先进行预热，在操作面板上，设置喷嘴预热温度为 200 ℃，观察温升达到 200 ℃。将耗材放置在料架上，在控制面板上单击"进料"命令，将耗材插入挤出机，直至耗材从喷嘴挤出为止。

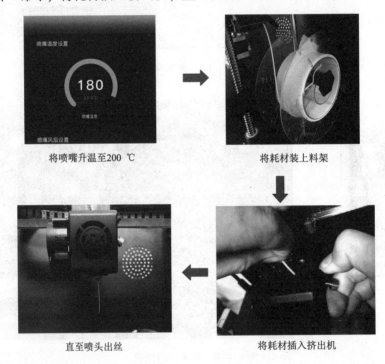

将喷嘴升温至200 ℃　　　　　　将耗材装上料架

直至喷头出丝　　　　　　将耗材插入挤出机

图 6 - 21　装载耗材

步骤 2：打印模型

在控制面板上选择"打印"命令，界面切换到 U 盘文件夹。利用上、下翻页键浏览并找到模型名字，选择该文件后，切换到打印界面，选择"打印"图标，设备开始制作，如图 6 - 22、图 6 - 23 所示。

步骤 3：模型处理

模型打印完毕后，用铲子将模型从平台上铲下来。用尖嘴钳去除模型支撑和毛刺，然后用打磨工具将模型表面毛刺等瑕疵打磨光滑，如图 6 - 24 所示。

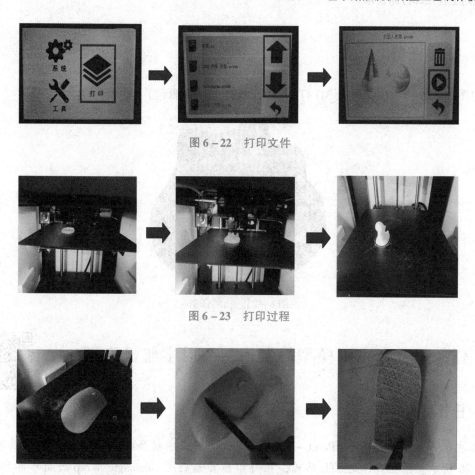

图 6 - 22　打印文件

图 6 - 23　打印过程

图 6 - 24　模型处理

✓ 任务评价

评价项目	分　值	得　分
模型诊断与修复	20 分	
模型切片处理	30 分	
3D 打印机操作	30 分	
模型后处理	20 分	

✓ 课后思考

1. 开流形和闭流形如何应用？
2. 模型切片时，参数一般如何选择？

✅ **拓展任务**

对图 6-25 所示模型进行 3D 打印。（原始数据见资源包）

图 6-25　拓展任务

任务二　有支撑模型的制作——以宇航员为例

有支撑模型的制作

◎ **任务引入**

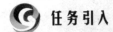

本次任务是基于易博 HotPoint-I 3D 打印机，完成宇航员模型的制作，宇航员模型如图 6-26 所示。模型文件是 STL 格式，在打印前首先利用 Geomagic Wrap 进行诊断和修复，然后导入 Cura 软件进行切片，生成打印文件，最后将文件通过导入 HotPoint-I 进行打印，完毕后对模型进行后处理。宇航员模型成型后既可以作为艺术摆件，也可作为手机支架使用。

图 6-26　宇航员模型

任务分析

宇航员模型打印流程主要有：模型诊断与修复→模型切片→3D 打印→模型后处理环节。

学习目标

知识目标：

1. 掌握数据模型基本诊断与修复命令；
2. 掌握切片软件常用参数设置命令。
3. 掌握 FDM 工艺添加支撑方法。

技能目标：

1. 能够对数据模型进行数据处理的能力；
2. 能够根据模型特征合理设置各类切片参数；
3. 能够根据模型结构合理设置支撑；
4. 能够使用工具对模型进行后处理。

素养目标：

1. 培养学生分析问题、解决问题的能力；
2. 培养学生团队协作的能力。

知识链接

支撑有三种选择，含义如下：

（1）None——无支撑。

（2）Touching buildplate——系统根据支撑悬垂角度设置，自动计算需要支撑起来的悬空部分，并建立可到达平台的悬空支架，推荐选择该支撑类型。

（3）Everywhere——全部支撑，模型所有悬空部分全部建立支撑。

任务实施

一、宇航员模型诊断与修复

宇航员模型诊断与修复操作参考项目六任务一相关内容。

二、宇航员模型切片

步骤1：打开切片软件

双击 Cura 软件快捷方式，打开切片软件，如图 6 - 27 所示。

步骤2：加载模型

选择加载图标，弹出"加载文件"对话框，选择宇航员模型所在的文件夹，选择宇航员模型，单击"打开"按钮，完成模型加载，如图 6 - 28 所示。

图 6 - 27　Cura 软件快捷方式

图 6 – 28　加载模型

步骤 3：调整模型方位

单击"Rotate"图标，模型上出现 3 个圆，如图 6 – 29 所示，鼠标左键选择其中一个圆后不松开，沿着圆移动鼠标，可以调整模型方位，调整后的方位要方便打印和拆卸，尽可能减少支撑。

本案例宇航员模型底部是一个平面，建议将地平面与平台接触，减少支撑，方便后期拆卸。

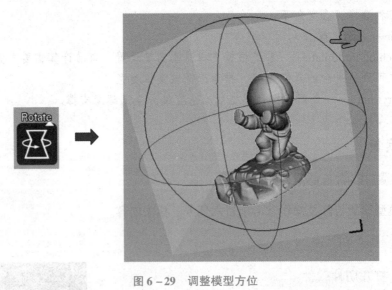

图 6 – 29　调整模型方位

步骤 4：调整模型比例

选择"Scale"图标，弹出"尺寸调整"对话框，如图 6 – 30 所示，根据模型尺寸和平台尺寸，合理调整 X、Y、Z 比例和 X、Y、Z 尺寸，系统默认比例和尺寸同步变化，即某方向比例或尺寸调整后，其他方向比例或尺寸也同比例变化。如果想单独调整某方向尺寸，单击"Uniform scale"后面的 🔓 图标，使其变成 🔒 状态，即调整单方向比例或尺寸。

本案例模型尺寸不大，建议比例为 1∶1。

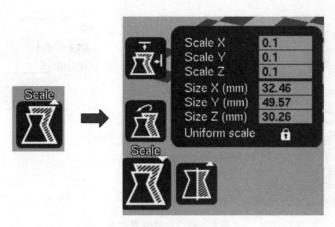

图 6 – 30　调整模型比例

步骤 5：镜像模型

单击"Mirror"图标，可以设置镜像形式，系统提供三种镜像形式，分别为 Mirror X、Mirror Y 和 Mirror Z，如图 6 – 31 所示。

因摆放位置不同，镜像后模型方位可能会发生较大变化，本案例模型根据三种镜像适当选择。

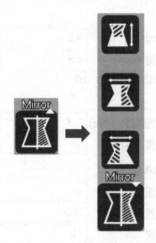

图 6 – 31　镜像模型

步骤 6：右键设置命令

单击模型后鼠标右键，弹出右键菜单，在右键菜单中可以设置"居中""删除物体""倍增物体""拆分成零件""删除所有的物体""重新加载所有物体"。"居中"命令使物体摆放在平台中心；"删除物体"命令用于删除模型；"倍增物体"命令用于多个相同模型打印设置，"拆分成零件"命令用于组合件的拆分打印；"删除所有的物体"命令是将所有加载模型删除；"重新加载所有物体"命令相当于将模型删除后再次加载到平台中，前期旋转和比例设置等都失效，需要重新设置。

本案例模型根据情况合理使用右键命令，如图 6 – 32 所示。

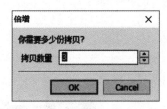

图 6 – 32　右键设置命令

步骤 7：基本打印参数设置

选择"基本"选项卡，设置"质量""填充""速度 & 温度"相关参数。

本案例模型参数建议层高设为 0.2 mm，外壳厚度为 0.8 mm，底部/顶部厚度为 0.8 mm，填充密度为 50%，打印速度为 60 mm/s，打印温度为 205 ℃，热床温度为 55 ℃，如图 6 – 33 所示。

基本	高级	插件	起始/停止 GCode

质量

层高 (mm)	0.2
外壳厚度 (mm)	0.8
开启回抽	☑

填充

底部/顶部厚度 (mm)	0.8
填充密度 (%)	50

速度 && 温度

打印速度 (mm/s)	60
打印温度 (C)	205
热床温度	55

图 6 – 33　基本参数设置

模型打印时，根据模型特征需要添加支撑和设置平台附着类型，如图 6 – 34 所示。

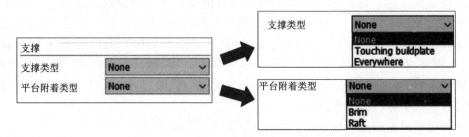

图 6 – 34　支撑设置

线材直径根据所用耗材确定，一般为 1.75 mm，流量默认 100%，如图 6 – 35 所示。

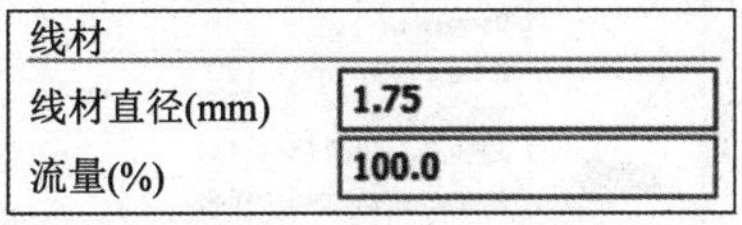

线材	
线材直径(mm)	1.75
流量(%)	100.0

图 6 – 35 线材设置

本案例模型部分特征需要进行局部支撑，选择 "Touching buildplate" 支撑类型，平台附着选择 "Brim"，线材设置为 1.75 mm，流量 100%。

步骤 8：高级参数设置

切换到 "高级" 选项卡，弹出 "高级设置" 对话框，相关参数含义参考项目六任务一相关内容。

本项目案例高级参数设置参考图 6 – 36。

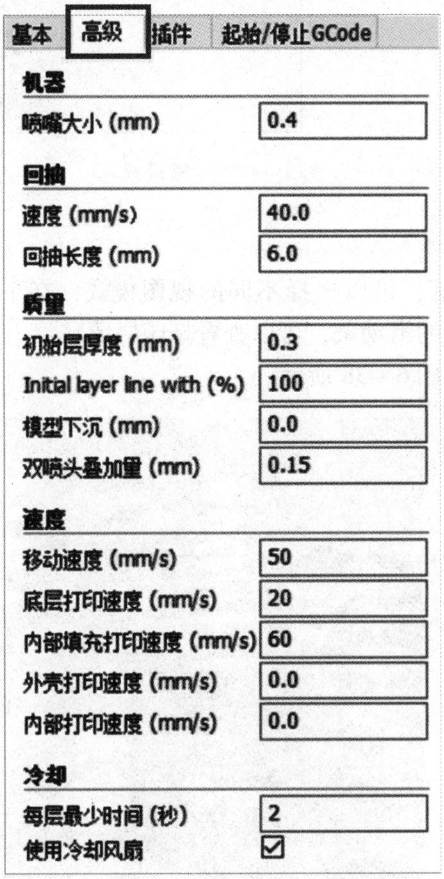

基本	**高级**	插件	起始/停止GCode

机器

喷嘴大小 (mm)	0.4

回抽

速度 (mm/s)	40.0
回抽长度 (mm)	6.0

质量

初始层厚度 (mm)	0.3
Initial layer line with (%)	100
模型下沉 (mm)	0.0
双喷头叠加量 (mm)	0.15

速度

移动速度 (mm/s)	50
底层打印速度 (mm/s)	20
内部填充打印速度 (mm/s)	60
外壳打印速度 (mm/s)	0.0
内部打印速度 (mm/s)	0.0

冷却

每层最少时间 (秒)	2
使用冷却风扇	☑

图 6 – 36 高级参数设置

步骤 9：专家设置

选择 "高级选项" 选项卡，在下拉菜单中选择 "打开专家设置" 选项，弹出 "专家设置" 对话框，专家设置参数较多，相关参数设置参考项目六任务一内容。

本案例模型的专家设置参数建议保持默认参数，如图 6 – 37 所示。

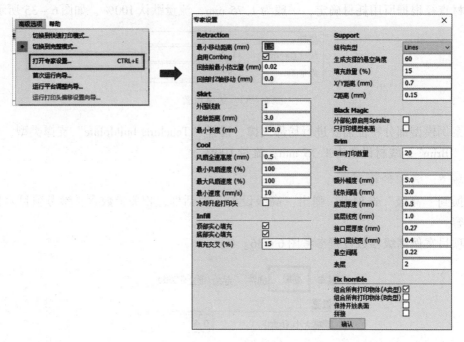

图 6 – 37 专家设置

步骤 10：查看打印情况

单击"View mode"图标，可以选择不同的视图模式，在下拉图标中，选择"Layers"图标，结合在模型界面右侧的滑动条，可以查看打印层情况。

本案例模型打印情况如图 6 – 38 所示。

图 6 – 38 查看打印情况

步骤 11：查看打印时间和耗材使用情况

在"SD"图标下方，可以查阅模型打印预估时间和使用耗材长度。如果模型打印相关参数更改后，打印时间和使用耗材长度会及时更新。

本案例模型预估时间和耗材如图 6-39 所示。

步骤 12：导出打印文件

单击"SD"图标，将生成的 *.gcode 打印文件保存在 U 盘或计算机中，如图 6-40 所示。因部分 3D 打印机不识别中文，因此打印名称尽可能是英文字母或数字，且不要有特殊符号。

图 6-39　打印时间和消耗耗材

图 6-40　导出打印文件

三、宇航员模型 3D 打印

步骤 1：装载耗材

耗材装载参考项目六中任务一操作。

步骤 2：打印模型

在控制面板上选择"打印"命令，界面切换到 U 盘文件夹。利用上、下翻页键浏览并找到模型名字，选择该文件后，切换到打印界面，选择"打印"图标，设备开始制作，如图 6-41、图 6-42 所示。

图 6-41　打印文件

图 6-42　打印过程

步骤 3：模型处理

模型打印完毕后，用铲子将模型从平台上铲下来。用尖嘴钳去除模型支撑和毛刺，然后用打磨工具将模型表面毛刺等瑕疵打磨光滑，如图 6-43 所示。

图 6 – 43　模型处理

任务评价

评价项目	分　值	得　分
模型诊断与修复	20 分	
模型切片处理	30 分	
3D 打印机操作	30 分	
模型后处理	20 分	

课后思考

1. 模型在进行切片时，什么时候需要添加支撑？
2. 模型制作完毕后，怎样进行后处理？

拓展任务

根据所学知识，对图 6 – 44 所示模型进行制作。(原始数据见资源包)

图 6 – 44　拓展任务

任务三　多色模型的制作——以花瓶为例

 任务引入

本次任务是基于闪铸 Guider II 3D 打印机，完成花瓶模型的制作，花瓶模型如图 6 −45 所示。模型在打印前，首先利用 Geomagic Wrap 进行诊断和修复，然后导入 FlashPrint 5 软件进行切片，生成打印文件，最后将文件通过导入打印机进行打印，在打印中，通过更换不同颜色的耗材方式，使打印后的模型具备多种颜色，更加美观。

多色模型的制作

图 6 −45　花瓶模型

任务分析

多色花瓶模型打印流程主要有：模型诊断与修复→模型切片→3D 打印→模型后处理环节。

学习目标

知识目标：

1. 了解 3D 打印的基本流程；

2. 掌握模型修复软件相关命令的含义；

3. 掌握 FlashPrint 5 切片软件各命令及参数的含义；

4. 熟悉各种 3D 打印后处理工具用法。

技能目标：

1. 具备模型分析、诊断和修复的能力；

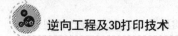

2. 具备模型合理设置切片的能力；

3. 具备对打印模型进行后处理的能力。

素养目标:

1. 培养学生分析问题、解决问题的能力；

2. 培养学生的创新精神。

知识链接

FlashPrint 5 切片软件中支撑参数含义如下:

(1) 陡峭阈值角度: 指定大于哪个角度值 (模型各个部位的倾斜度) 的模型部位需要生成支撑, 角度值范围在30°~60°。

(2) 支柱直径: 树状支撑的直径大小, 支柱直径大小范围为1~6 mm。

(3) 基底高度: 支撑底座的高度, 高度范围为0~10 mm。

(4) 基底直径: 支撑底座的直径大小, 基底直径大小在3~10 mm。

(5) 柱状尺寸: 柱状由一个个方形柱组成, 尺寸指方形柱的单个边长, 边长范围为1~8 mm。

(6) 与底板接触: 仅生成与底板接触的支撑。

任务实施

一、花瓶模型诊断与修复

花瓶模型诊断与修复操作参考项目六任务一相关内容。

二、花瓶模型切片

步骤1: 打开切片软件

双击 FlashPrint 5 快捷方式, 打开切片软件, 如图 6-46 所示。

图 6-46 FlashPrint 5 快捷方式

步骤2: 机器设置

打开软件后, 单击左下角的 ⊕ 命令, 在 "机器类型" 展开项中的机型名称中, 选择当前的打印机类型为 "Guider Ⅱ"。部分机器类型拥有多种喷嘴尺寸, 打印机的喷嘴尺寸可以在 "喷嘴尺寸" 的展开项中选择, 闪铸 Guider Ⅱ 3D 打印机喷嘴尺寸选择 "0.4 mm"。

闪铸 Guider Ⅱ 3D 打印机参数设置如图 6 – 47 所示。

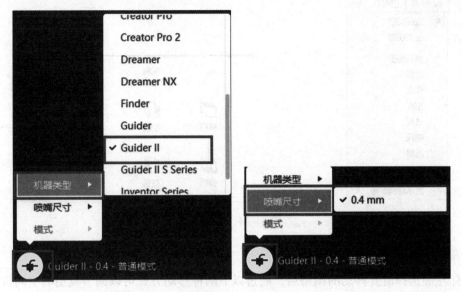

图 6 – 47　机器设置

步骤 3：加载模型

单击菜单栏中的"文件"→"载入文件"命令，弹出对话框后选择要载入的模型文件，如图 6 – 48 所示。

模型文件目前支持可在软件中编辑的 slc、stl、obj、fpp、png、jpg、jpeg、bmp、3 mf 格式文件。

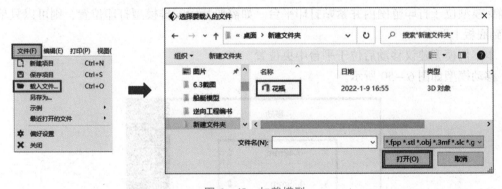

图 6 – 48　加载模型

步骤 4：设置场景视角

通过以下两种方式，可以分别从俯视、仰视、前视、后视、左视、右视 6 个方向观察模型。

方式 1：单击菜单中的"视图"命令，可以选择从 6 个方向观察模型。

方式 2：选中右侧的"视角"命令，然后再次单击该命令，将弹出"视角"选择框，可以选择 6 个方向的视图。

场景视角如图 6 – 49 所示。

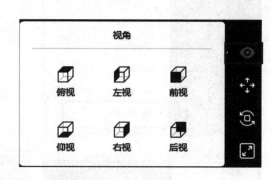

图6-49 场景视角

步骤5：移动模型

鼠标左键选择需要移动的模型后，通过以下两种移动方式可以调节模型的空间位置。

方式1：选中右侧的"移动"命令后，如果长按鼠标左键并移动鼠标，可以在 XY 平面内移动模型。如果按住"Shift"键，同时长按鼠标左键并移动鼠标，则可以使模型在 Z 方向上移动。在移动过程中，可以看到移动的大小和方向，它们用来表示模型相对前一位置产生的位移。

方式2：选中右侧的"移动"命令，然后再次单击该命令，将弹出"设置位置"框，可以调节或设置模型的位置，或者重置模型位置。

注：一般情况下，在模型位置调整完毕后，需要单击"居中"和"放到底板上"命令来确保模型位于打印范围内并紧贴打印平台。如需要特别安排模型打印位置，则可以只单击"放到底板上"命令。

本案例模型建议移动后位于平台中央位置。

移动模型如图6-50所示。

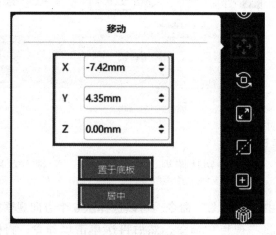

图6-50 移动模型

步骤6：旋转模型

左键选择需要旋转的模型，通过以下旋转方式可以调节模型的摆放姿态。

方式1：选中右侧的"旋转"命令后，会看到相互垂直的三个圆环，分别为红色、绿色、蓝色。单击选中圆环后可以绕当前的旋转轴（可选 X、Y 或 Z 方向）进行旋转。其中，转过的角度和转动方向将以夹角形式显示在圆心位置，如图6-51所示。

方式2：选中右侧的"旋转"命令，将弹出"设置旋转"框，可以调节或设置模型的转动角度，或者重置模型姿态。

如果希望模型某个面与平台底面贴合，则用鼠标选择该面，双击鼠标左键，模型会自动进行按面摆放，选中的面贴合于底板。

本案例花瓶模型底部是一个平面，建议旋转后将底平面与平台接触，减少支撑，方便后期拆卸。

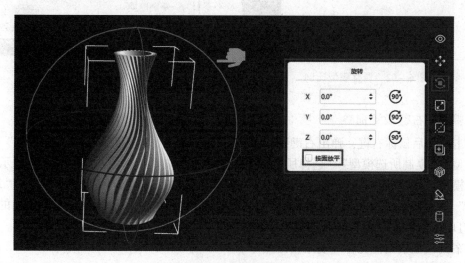

图6-51 调整模型方位

步骤7：调整模型比例

鼠标左键选择需要缩放的模型后，通过以下缩放方式可以调节模型的大小。

方式1：选中右侧的"缩放"命令后，长按鼠标左键并拖动鼠标来改变模型大小。模型文件当前的长宽高数值将显示在对应三条边框上。

方式2：选中右侧的"缩放"命令，然后再次单击该命令，将弹出设置模型的尺寸框，可以设置模型的尺寸，或者改变各个方向上的比例以进行缩放，如图6-52所示。

另外，如果下方的"保持比例"选项为勾选状态，那么改变任意一边的长度将使模型进行等比例缩放；如果"保持比例"选项为不勾选状态，长度的改变将在单一方向上进行。

本案例模型尺寸不大，建议比例为1∶1。

步骤8：镜像模型

单击"编辑"→"镜像模型"命令，可对选中的模型进行 X 方向、Y 方向、Z 方向镜像操作，如图6-53所示。

因摆放位置不同，镜像后模型方位可能会发生较大变化，本案例模型根据三种镜像适当选择。

图 6 – 52 调整模型比例

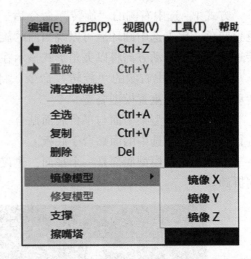

图 6 – 53 镜像模型

步骤 9：右键设置命令

单击模型后鼠标右键，弹出右键菜单，在右键菜单中可以设置"居中所选模型""删除所选模型""复制所选模型""选择所有模型""清空打印平台"等，如图 6 – 54 所示。"居中所选模型"命令使物体摆放在平台中心；"删除所选模型"命令用于删除模型；"复制所选模型"命令用于多个相同模型打印设置；"选择所有模型"命令用于多个模型的全选；"清空打印平台"命令是将所有加载模型删除。

本案例模型根据情况合理使用右键命令。

图 6 – 54 右键设置命令

步骤 10：修复模型

导入模型时，会进行模型检测。当模型检测出存在问题，会弹出检测提示，提醒用户；此时可直接单击弹出的对话框中的"修复模型"按钮或者选中模型，在"编辑"菜单中选择"修复模型"命令对模型进行修复,如图 6-55 所示。

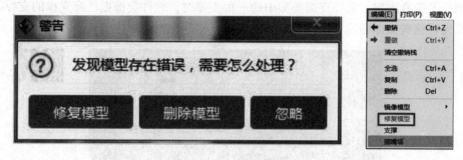

图 6-55　修复模型

步骤 11:设置擦嘴塔

导入模型后,单击"编辑"→"擦嘴塔"命令或单击右侧擦嘴塔命令,进入擦嘴塔编辑界面,如图 6-56 所示。单喷头机型在擦嘴塔选项中可以设置擦嘴塔的大小、基底大小和壁厚参数,可设置擦嘴塔高度默认与载入模型的高度相同;如果存在多个模型,则取最高模型的高度。

本案例模型擦嘴塔参数设置默认即可。

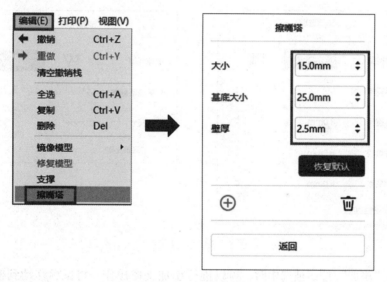

图 6-56　擦嘴塔

设置好擦嘴塔参数后,单击"添加"命令,移动鼠标选择擦嘴塔坐标,单击鼠标左键便可添加擦嘴塔。需要删除擦嘴塔时,单击"删除"命令,鼠标左键选中擦嘴塔即可删除,如图 6-57 所示。

步骤 12:支撑

导入模型后,单击菜单栏中的"编辑"→"支撑"命令或直接单击右侧 命令,可以进入支撑编辑模式。支撑编辑完成后单击"返回"命令退出支撑编辑模式。

支撑选项框中可以编辑支撑参数,支撑类型包括树状和线形,如图 6-58 所示,当选择"树状"时,则出现树状的参数值:陡峭阈值角度、支柱直径、基底直径、基底高度、与底板接触；当选择"线形"，则出现线形的参数值：陡峭阈值角度、桩柱尺寸、与底板接触。如果模型已经带有支撑，选择支撑类型中的一种支撑时，软件会根据已有支撑的支撑类型判断是否要先将这些支撑删除，会弹出对应的提示，然后根据需求进行选择操作。

图 6 – 57 删除擦嘴塔

图 6 – 58 支撑类型

当左侧的"添加"按钮被选中时，可以进行添加支撑操作。将鼠标移动到模型需要添加支撑的位置，单击鼠标左键，选取支撑起点；按住鼠标左键不放，拖动鼠标会显示支撑预览（若支撑面无需支撑或支撑立柱角度过大，会高亮预览该支撑）；松开鼠标左键，若支撑立柱不碰到模型，则会在起点与终点位置生成支撑（高亮预览的支撑，不会生成支撑结构）。

单击"自动支撑"命令后，软件会自动判断模型需要支撑的位置，并生成相应的树状、线形或者柱状支撑。如果模型已经带有支撑，软件会先将这些支撑删除，然后再生成支撑。

单击"清空支撑"按钮后，场景中所有的支撑将被删除。单击菜单项中的"撤销"命令或者使用快捷键"Ctrl"+"Z"可以撤销该操作。

对于本案例模型，可选择树状支撑，支撑参数默认即可，建议选择"自动支撑"命令，完成支撑创建，如图 6 – 59 所示。

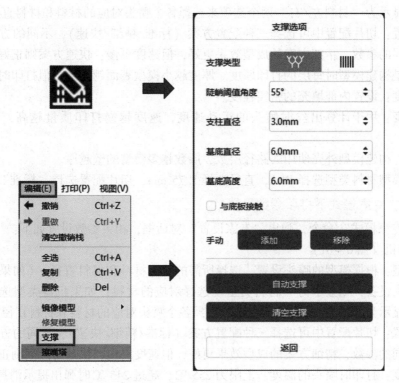

图 6 – 59　支撑设置

步骤 13：基本模式下打印参数设置

单击软件主界面上的"开始切片"图标，会弹出一个设置切片参数的对话框。各参数含义及数值设置如下（图 6 – 60）：

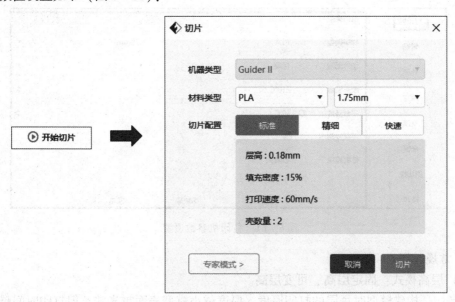

图 6 – 60　基本参数设置

材料类型：根据模型的喷头设置，选择所需的喷头材料和材料直径。（如果机型类型选择的是单喷头设备，则显示为"材料类型"选择对应的材料；如果机器类型选择的是双喷

头设备，则显示为"材料左/右"两个选项来选择各个喷头对应的材料和材料直径。)

切片配置：切片配置中可选择三种配置方案（标准/精细/快速），不同的方案已经设置好了各种不同的参数，精细方案的成型效果更好，但速度更慢；快速方案则正好相反。

层高：是构建模型时每层的打印厚度。厚度越小模型表面越光洁，但打印时间越长。

填充密度：设置内部填充的密实程度。

打印速度：用于计算出丝时喷头的运动速度，速度越慢打印质量越高，但打印时间越长。

壳数量：构建模型外壳使用的路径层数，层数越多模型的壁越厚。

本案例模型材料类型选择 PLA，直径选择 1.75 mm，切片配置选择"标准"。

步骤14：专家模式下打印参数设置

选择"专家模式"命令，弹出"专家设置"对话框，相关参数设置如下：

1）打印机（图6-61）

材料类型：根据模型的喷头设置，选择所需的喷头材料和材料直径。（如果机型类型选择的是单喷头设备，则显示为"材料类型"选择对应的材料；如果机器类型选择的是双喷头设备，则显示为"材料左/右"两个选项选择各个喷头对应的材料和材料直径。）

切片配置：切片配置中可选择三种配置方案（标准/精细/快速），不同的方案已经设置好了各种不同的参数，精细方案的成型效果更好，但速度更慢；快速的方案则正好相反。

喷头温度：打印时喷头的温度。上限为 255 ℃，超过 245 ℃时弹出提示消息。

平台温度：适当的平台温度可以让模型更好地黏到打印平台上，并改善大模型的翘边问题。

温度控制点：对不同层设置打印温度。

控制模块：选择需要控制温度的模块，添加后选择了该功能，打印时将会起作用。

图6-61　打印机参数设置

2）常规（图6-62）

（1）层高模式：固定层高、可变层高。

层高：是构建模型时每层的打印厚度。厚度越小模型表面越光洁，但打印时间越长。

第一层层高：当它使用较小的层高进行打印时，较大的第一层层高可以让模型更好地黏到打印平台上。

（2）速度。

基准打印速度：出丝时喷头的基准运动速度，作为后续打印速度计算的基准值。

空走速度：不出丝时喷头的运动速度。

最小打印速度：出丝时喷头的最小运动速度。

第一层最大打印速度：限制第一层的打印速度，让模型更好地黏到打印平台上。当启用底板功能时该参数不起作用。

第一层最大空走速度：限制第一层的空走速度，让模型更好地黏到打印平台上。当启用底板功能时该参数不起作用。

降低前几层的打印速度：降低前几层的打印速度，提升打印成功率；例如 3，30 mm/s 表示前 2~4 层打印处于 30 mm/s 的速度，第一层不受该命令控制，设置成 0 时该功能不生效。

（3）回抽。

回抽长度：空走或切换喷头前将丝料缩回喷嘴的长度，用于改善漏丝问题。

回抽速度：喷头将丝料缩回喷嘴的速度。

出丝速度：喷头将丝料挤出喷嘴的速度。

回抽后挤出补偿：回抽后挤出的丝料补偿长度。

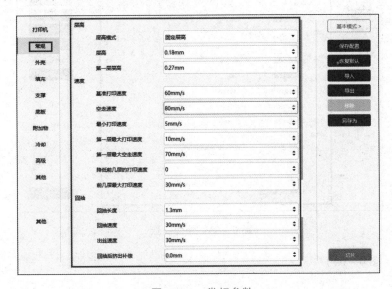

图 6-62　常规参数

3）外壳（图 6-63）

（1）厚度。

壳数量：构建模型外壳使用的路径层数，层数越多模型的壁越厚。

壁厚：模型外壳的厚度。

与外壳重叠量：薄壁处允许外壳路径重叠的最大宽度比例。

（2）速度。

外圈速度：模型外壳最外层打印速度相对于基准速度的比例。

外圈最大速度：用于限制模型外壳最外层的打印速度。

可见内圈速度：模型外壳内层可见部分打印速度相对于基准速度的比例。

可见内圈最大速度：可见内圈的最大打印速度。

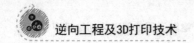
不可见内圈最大速度：模型外壳内层不可见部分打印速度相对于基准速度的比例。

（3）起始点。

模式：设置外壳路径起始点的选取规则。起始点模式分为三种，分别为"使用最接近位置的点""使用随机的点"和"使用内凹的点"。

使用最接近位置的点：所有层的外壳路径起点尽可能地接近指定坐标，以对齐接缝位置。

使用随机的点：将外壳的起始点随机地分布在模型表面，以隐藏接缝位置。

使用内凹的点：优先使用内凹的点作为起始点，不存在内凹的点时使用最接近指定位置的点作为起始点。

X：外壳起始点对齐位置的 X 坐标。

Y：外壳起始点对齐位置的 Y 坐标。

允许优化起始点位置：允许软件根据需要调整起始点位置，使用"最接近指定位置的点"之外的点作为起始点。打印竖直摆放的浮雕模型时建议选择"否"选项。

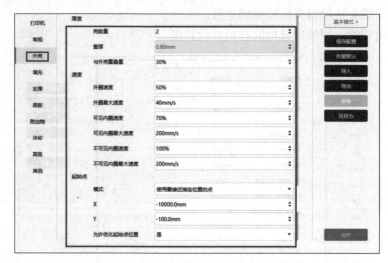

图 6 - 63　外壳参数

4）填充（图 6 - 64）

（1）常规。

封顶层数：模型上表面使用实填充的层数。

封底层数：模型下表面使用实填充的层数。

填充密度：设置内部填充的密实程度。

填充形状：设置内部填充的形状，六边形填充强度更高；线形填充打印速度更快；三角形填充打印速度稍慢于线形填充，但层与层之间的黏合力更高；三维填充是一种三维螺旋形的填充形状，一般在填充密度较低时使用，使用该填充时建议关闭合并填充功能。

与外壳重叠量：填充路径和外壳重叠的路径宽度比例。

花瓶模式：用于打印没有接缝的单层模型。启用该功能时，外壳数量总是为 1，填充密度总是为 0，封顶层数默认为 0。

（2）速度。

封顶/封底速度：模型封顶和封底填充打印速度相对于基准速度的比例。

内部填充速度：模型内部填充打印速度相对于基准速度的比例。

（3）合并填充。

封顶/封底最大合并：将相邻层之间重叠的填充区域合并到一起打印以提高打印速度，合并后填充路径将变厚，但外壳路径的厚度保持不变。封顶/封底建议合并后层高不超过0.2 mm。

内部填充最大合并数：封顶/封底最大合并层数——将相邻层之间重叠的填充区域合并到一起打印以提高打印速度，合并后填充路径将变厚，但外壳路径的厚度保持不变。内部填充建议合并后层高不超过0.36 mm。

合并面积阈值：当某一层的打印面积小于指定的阈值时，不再对该层进行合并填充处理，以增加层打印时间，保证丝料冷却后再打印下一层。

（4）加固填充。

间隔层数：每间隔一定的层数，额外增加若干层的实填充使模型更加坚固，"0"表示不启用。

实填充层数：额外增加的实填充的层数。

填充密度控制：增加填充的层控制命令，有利于根据模型设计需要加强强度，合理利用材料；填充密度层控制，起始层至结束层为特殊设定的密度项。

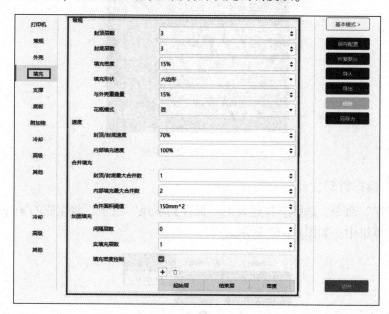

图6-64 填充参数

本项目案例高级参数设置建议采用默认参数。

步骤15：切片

在前两步参数设置完毕后，单击"切片"命令完成操作。

步骤16：查看打印情况

单击"切片预览"命令可以查看模型的切片结果，通过左右滑动"层"和"步"可以控制模型的显示层数，观察模型每层的结构、使用的喷头、层高以及打印速度，如图6-65所示。预览界面的右上角显示了模型打印信息，包括"切片文件名称""打印时间估算""打印材料估算""重量估算"。

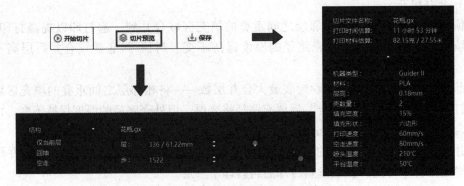

图 6-65 查看打印情况

本案例模型某层打印出来的情况如图 6-66 所示。

图 6-66 查看打印层

步骤 17：保存打印文件

单击"保存"命令，选择下拉列表中"保存到本地"选项，将生成的 *.gx 打印文件保存在 U 盘或计算机中，如图 6-67 所示。

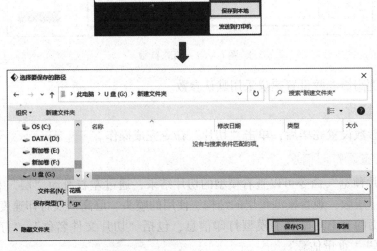

图 6-67 导出打印文件

三、花瓶模型打印

步骤1：装载耗材

装载耗材操作可参考项目六任务一中相关步骤。

步骤2：打印模型

在控制面板上选择"打印"命令，界面切换到 U 盘文件夹。利用上、下翻页键浏览并找到模型名字，选择该文件后，切换到打印界面，选择"打印"图标，设备开始制作，如图 6−68、图 6−69 所示。在打印过程中，通过更换耗材，打印出多色花瓶。

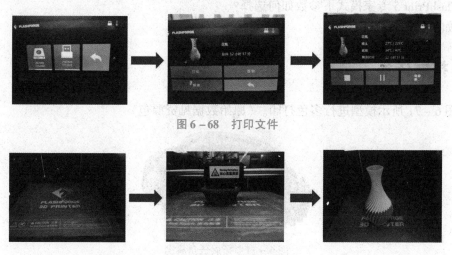

图 6−68　打印文件

图 6−69　打印过程

步骤3：模型处理

模型打印完毕后，用铲子将模型从平台上铲下来。用尖嘴钳去除模型支撑和毛刺，然后用打磨工具将模型表面毛刺等瑕疵打磨光滑，如图 6−70 所示。

图 6−70　模型处理

✓ 任务评价

评价项目	分　值	得　分
模型诊断与修复	20 分	
模型切片处理	30 分	

评价项目	分 值	得 分
3D 打印机操作	30 分	
模型后处理	20 分	

课后思考

1. FlashPrint 5 专家模式下参数如何选择？
2. 如何打印多色件？

拓展任务

对图 6 – 71 所示模型进行多色打印。(原始数据见资源包)

图 6 – 71 拓展任务模型

项 目 七

基于光固化成型工艺制作模型

无支撑模型的制作

任务一　无支撑模型的制作——以镂空笔筒为例

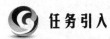

任务引入

　　本次任务是基于创想 CT005 3D 打印机，完成笔筒模型的制作，笔筒模型如图 7-1 所示。模型在打印前，首先利用 Geomagic Wrap 进行诊断和修复，然后导入 3D Creator Slicer for LCD 软件进行切片，生成打印文件，最后将文件通过导入 CT005 光固化打印机进行打印，完毕后对模型进行后处理。

图 7-1　笔筒模型

　任务分析

　　笔筒模型打印流程主要有：模型诊断与修复→模型切片→3D 打印→模型后处理环节。

知识链接

　　相关曝光参数含义如下：

　　首层曝光时间：打印首层时曝光所用时间，首层数量由首层曝光层数设定，曝光时间设置越长，模型贴合越牢固，耗时越长。

215

首层曝光层数：需要设定首层曝光时间的层数，层数越大，贴合越牢固，耗时越长。

曝光时间：非首层的其他层数曝光所用时间。

任务实施

一、笔筒模型诊断与修复

笔筒模型诊断与修复操作参考项目六任务一相关内容。

二、笔筒模型切片

步骤1：打开切片软件

双击 3D Creator Slicer for LCD 快捷方式，打开切片软件，如图7-2所示。

步骤2：机器设置

选择"切换打印机"选项卡，弹出"切换打印机"对话框，根据3D打印机实际参数进行型号选择，设置完毕后单击"确认"按钮，完成打印机基本参数设置，如图7-3所示。

图7-2　3D Creator Slicer for
　　　　LCD 快捷方式

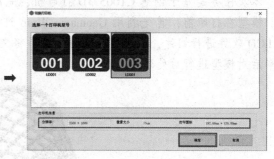

图7-3　机器设置

步骤3：加载模型

选择加载图标，弹出"加载文件"对话框，选择笔筒模型所在的文件夹，选择笔筒模型，单击"打开"按钮，完成模型加载，如图7-4所示。

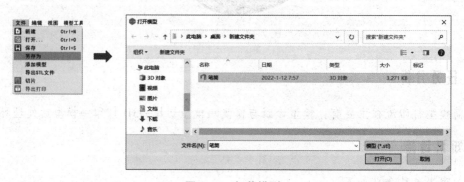

图7-4　加载模型

步骤4：观察视角

在"观察视角"选项卡中有6个视角选择命令，选择不同命令可以从6个不同的方向观察模型，如图7-5所示。

步骤5：移动模型

选择模型后，在"模型动作"选项卡中，单击"移动"命令，鼠标左键选择模型后不松开左键，移动鼠标，可以调整模型位置，也可以在"移动"右侧框格中输入数值，调整位置，如图7-6所示。如果只有单个模型，尽量移动模型至平台中心，如果有多个模型，移动后保证模型不交叉，不出界。

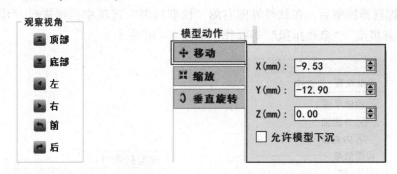

图7-5　观察视角　　　　　　　　　　图7-6　移动模型

步骤6：缩放模型

选择模型后，在"模型动作"选项卡中，单击"缩放"命令，弹出对话框，有两种缩放方式：按尺寸和按比例缩放。根据模型尺寸和平台尺寸，合理调整 X、Y、Z 尺寸或者 X、Y、Z 比例，系统默认比例和尺寸同步变化，即某方向比例或尺寸调整后，其他方向比例或尺寸也同比例变化，如图7-7所示。如果想单独调整某方向尺寸，则取消勾选"锁定比例"复选框。

本案例模型尺寸不大，建议比例为1:1。

步骤7：旋转模型

选择模型后，在"模型动作"选项卡中，单击"垂直旋转"命令，弹出对话框，通过滑动对话框中的进度条来转动模型，也可以在对话框中输入数值来调整方位，如图7-8所示。如果模型方位调整偏差过大，可选择"重置"命令，将模型恢复原位，再进行调整。

本案例笔筒模型底部是一个平面，建议将地平面与平台接触，减少支撑，方便后期拆卸。

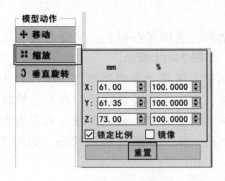
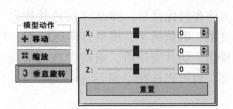

图7-7　缩放模型　　　　　　　　　　图7-8　旋转模型

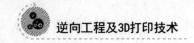

步骤8：模型设置

鼠标左键选择笔筒模型后，在软件界面右侧，选择"模型设置"选项，勾选"边缘光滑""外表面""内表面"复选框，可使打印边缘光滑。

在"模型信息"选项中，提供相关命令，也可实现模型尺寸、位置、缩放比例、旋转和镜像等设置。

"模型设置"中参数修改后，需要左键单击"应用改变"按钮来调整模型，如图7-9所示。

步骤9：模型列表

鼠标左键选择模型后，在软件界面右侧"模型列表"选项中，可进行"添加""复制""删除""合并模型""自动排版"等操作，如图7-10所示。

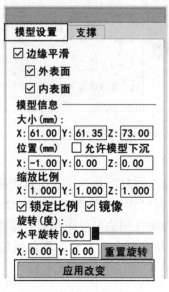

图7-9　调整模型比例

图7-10　镜像模型

如果需要一次制作多个笔筒模型，使用"复制"命令实现模型倍增，倍增后使用"自动排版"功能自动排布模型位置，对不合适的模型使用"删除"命令移除模型。

步骤10：支撑设置

本案例模型直接将笔筒底面与平台接触，不需要设置支撑。

步骤11：模型切片

选择"切片"命令，弹出"保存布局"对话框，选择保存路径，文件名为"笔筒"，保存类型为layout（*.tfl），单击"保存"按钮，如图7-11所示。

文件布局保存后，弹出"切片管理器"对话框，展开"分割层厚度"下拉列表，选择厚度值，数值越小，模型打印越精细，耗时越长。选择"开始切片"命令，软件执行切片操作。切片完毕后，拖动"拖动滑块直接跳到待查看层"命令滑块，可以查看不同层状态。也可以选择"显示上一层"和"显示下一层"逐层查看层状态，如图7-12所示。

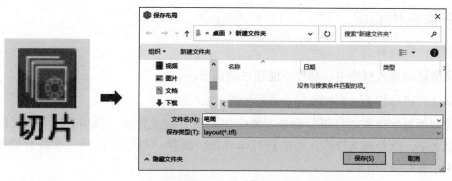

图 7 – 11　保存布局

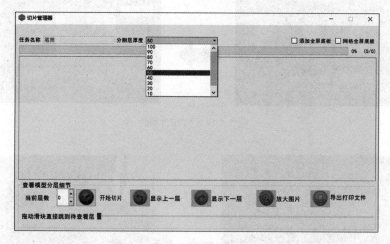

图 7 – 12　查看层

　　选择"导出打印文件"命令，弹出"切换型号"对话框，打印原料相关参数默认即可。"预计打印时间"后面框格显示打印耗时，"总共打印量（ml）"后面框格显示消耗耗材量。

　　选择 U 盘图标，系统将打印文件保存至 U 盘中，保存成功后会有"下载成功"提示，如图 7 – 13 所示。

　　为保证打印时模型可靠贴合在底板上，本案例模型首层曝光时间设为 70，首层曝光层数设为 7，曝光时间设为 7。

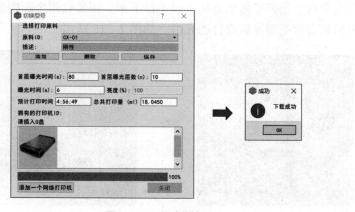

图 7 – 13　保存数据

三、笔筒模型3D打印

步骤1：装载耗材

将光敏树脂导入料槽中，高度不能超过最高限位。

步骤2：打印模型

在控制面板上选择"打印"命令，界面切换到U盘文件夹。利用上、下翻页键浏览并找到模型名字，选择该文件后，切换到打印界面，选择"打印"图标，准备开始制作，如图7-14、图7-15所示。

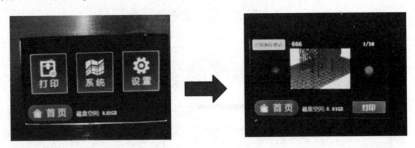

图7-14　打印文件

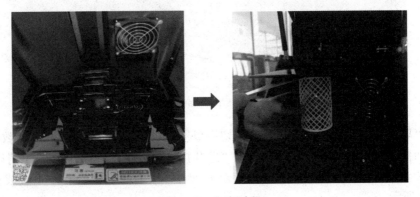

图7-15　打印过程

步骤3：模型处理

模型打印完毕后，用铲子将模型从平台上铲下来。用尖嘴钳去除模型支撑和毛刺，然后用打磨工具将模型表面毛刺等瑕疵打磨光滑，如图7-16所示。

图7-16　模型处理

任务评价

评价项目	分　　值	得　　分
模型诊断与修复	20 分	
模型切片处理	30 分	
3D 打印机操作	30 分	
模型后处理	20 分	

课后思考

模型光固化切片时，参数一般如何选择？

拓展任务

对图 7-17 所示艺术品模型进行光固化打印。（原始数据见资源包）

图 7-17　拓展任务

有支撑模型的制作

任务二　有支撑模型的制作——以兽首为例

任务引入

　　本次任务是基于创想 CT005 3D 打印机，完成兽首模型的制作，模型如图 7-18 所示。模型在打印前，首先利用 Geomagic Wrap 进行诊断和修复，然后导入 3D Creator Slicer for LCD 软件进行切片，生成打印文件，最后将文件通过导入 CT005 光固化打印机进行打印，完毕后对模型进行后处理。

图7-18 兽首模型

任务分析

兽首模型打印流程主要有：模型诊断与修复→模型切片→3D 打印→模型后处理环节。

知识链接

手动支撑命令：

添加：用于手动添加单个支撑。

删除：用于手动删除支撑。

修改：用于修改单个支撑参数。

任务实施

一、模型诊断与修复

兽首模型诊断与修复操作参考项目六任务一相关内容。

二、模型切片

步骤1：打开切片软件

双击 3D Creator Slicer for LCD 快捷方式，打开切片软件，如图7-19 所示。

图7-19 3D Creator Slicer for LCD 快捷方式

步骤2：机器设置

选择"切换打印机"选项卡，弹出"切换打印机"对话框，根据3D打印机实际参数进行型号选择，设置完毕后单击"确认"按钮，完成打印机基本参数设置，如图7-20所示。

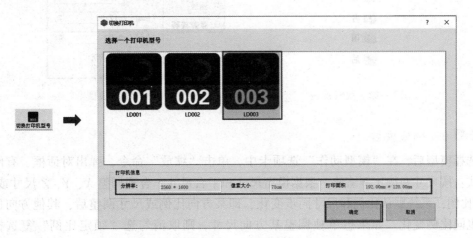

图7-20 机器设置

步骤3：加载模型

选择加载图标，弹出"加载文件"对话框，选择笔筒模型所在的文件夹，选择笔筒模型，单击"打开"按钮，完成模型加载，如图7-21所示。

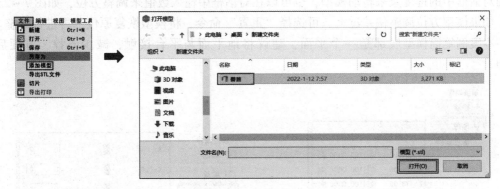

图7-21 加载模型

步骤4：观察视角

在"观察视角"选项卡中有6个视角选择命令，选择不同命令可以从6个不同的方向观察模型，如图7-22所示。

步骤5：移动模型

选择模型后，在"模型动作"选项卡中，单击"移动"命令，鼠标左键选择模型后不松开左键，移动鼠标，可以调整模型位置，也可以在"移动"右侧框格中输入数值，调整位置，如图7-23所示。如果只有单个模型，尽量移动模型至平台中心，如果有多个模型，移动后保证模型不交叉，不出界。

图7-22 观察视角

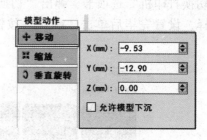

图7-23 移动模型

步骤6：缩放模型

选择模型后，在"模型动作"选项卡中，单击"缩放"命令，弹出对话框，有两种缩放方式：按尺寸和按比例缩放。根据模型尺寸和平台尺寸，合理调整 X、Y、Z 尺寸或者 X、Y、Z 比例，系统默认比例和尺寸同步变化，即某方向比例或尺寸调整后，其他方向比例或尺寸也同比例变化。如果想单独调整某方向尺寸，则取消勾选"锁定比例"复选框，如图7-24所示。

本案例模型尺寸不大，建议比例为1:1。

步骤7：旋转模型

选择模型后，在"模型动作"选项卡中，单击"垂直旋转"命令，弹出对话框，通过滑动对话框中的进度条来转动模型，也可以在对话框中输入数值来调整方位，如图7-25所示。如果模型方位调整偏差过大，可选择"重置"命令，将模型恢复原位，再进行调整。

本案例笔筒模型底部是一个平面，建议将地平面与平台接触，减少支撑，方便后期拆卸。

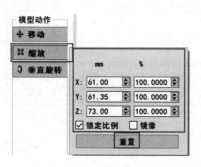

图7-24 缩放模型

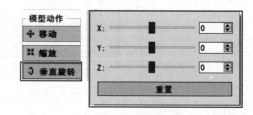

图7-25 旋转模型

步骤8：模型设置

鼠标左键选择笔筒模型后，在软件界面右侧，选择"模型设置"选项，勾选"边缘光滑""外表面""内表面"复选框，可使打印边缘光滑。

在"模型信息"选项中，提供相关命令，也可实现模型尺寸、位置、缩放比例、旋转和镜像等设置。

"模型设置"中参数修改后，需要左键单击"应用改变"命令来调整模型，如图7-26所示。

步骤 9：模型列表

鼠标左键选择模型后，在软件界面右侧"模型列表"选项中，可进行"添加""复制""删除""合并模型""自动排版"等操作，如图 7–27 所示。

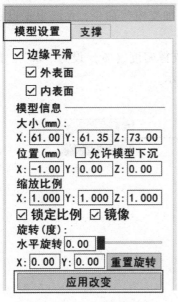

图 7–26　调整模型比例

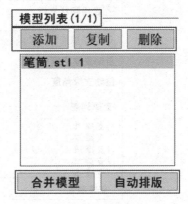

图 7–27　镜像模型

如果需要一次制作多个笔筒模型，使用"复制"命令实现模型倍增，倍增后使用"自动排版"功能自动排布模型位置，对不合适的模型使用"删除"命令移除模型。

步骤 10：支撑设置

鼠标左键选择模型后，在软件界面右侧"支撑"选项中，可进行选择支撑相关设置。

1）底板

勾选"底板"复选框后，模型在打印前，先打印一个与平台贴合的底板，底板形状在展开列表中进行选择，默认"Cylinder"。拖动"范围"后面的进度条，可调节底板界面大小，在"厚度"后面框格中输入底板厚度值。

本案例模型底板建议选择"Cylinder"形状，范围"75%"，厚度"0.2"，如图 7–28 所示。

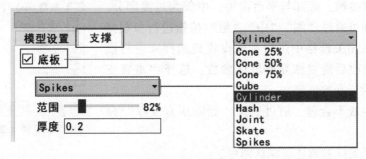

图 7–28　底板

2）自动添加支撑

勾选"启用网状支撑"复选框，支撑有"全部"和"平台支撑"两种选项，根据模型特征酌情选择。"自动支撑密度（%）"后面框格中输入数值设定支撑密度，系统根据"自动支撑角度"后面框格中的数值自动判断支撑是否添加。"支撑高度"后面框格中的数值限定支撑高度。相关数值设置完毕后，选择"自动添加支撑"命令，系统根据设定参数给模型添加支撑。

本案例模型建议支撑类型选择"全部"，自动支撑密度（%）设为"80"，自动支撑角度设为"30"，支撑高度设为"10"，如图7－29所示。

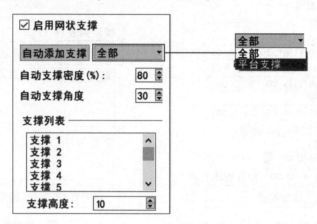

图7－29　自动支撑

3）手动支撑

除自动添加支撑外，软件提供手动支撑相关命令，分别有"添加""删除""修改"，如图7－30所示。

图7－30　手动支撑

添加：用于手动添加单个支撑。

删除：用于手动删除支撑。

修改：用于修改单个支撑参数。

本案例模型在自动添加支撑后，通过手动方式添加局部支撑和删除支撑。

4）支撑参数

勾选"支撑参数"复选框后，可设置支撑参数。如图7－31所示，支撑从结构上分为顶部、中部和底部三部分，顶部与模型接触，底部与平台接触，中部为过渡部分。各部分参数分别可通过"细""中""粗"按钮进行参数修改，也可通过在相关框格中进行参数设置或选择来进行设置。如果参数修改后需要恢复到默认参数，选择"重置支撑参数命令"执行参数恢复。

如果支撑生成不合理，通过选择"删除所有支撑"命令来去除支撑。

本案例模型支撑参数建议默认即可。

图7－31　支撑参数

步骤11：模型切片

选择"切片"命令，弹出"保存布局"对话框，选择保存路径，文件名为"兽首"，保存类型为"layout（*.tfl)"，单击"保存"按钮，如图7-32所示。

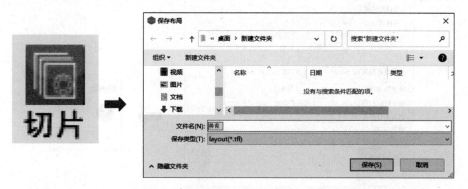

图7-32　切片保存

文件布局保存后，弹出"切片管理器"对话框，展开"分割层厚度"下拉列表，选择厚度值，数值越小，模型打印越精细，耗时越长。选择"开始切片"命令，软件执行切片操作。切片完毕后，拖动"拖动滑块直接跳到待查看层"命令滑块，可以查看不同层状态。也可以选择"显示上一层"和"显示下一层"逐层查看层状态，如图7-33所示。

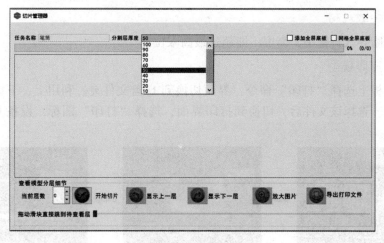

图7-33　层设置

选择"导出打印文件"命令，弹出"切换型号"对话框，打印原料相关参数默认即可。"预计打印时间"后面框格显示打印耗时，"总共打印量（ml)"后面框格显示消耗耗材量。

相关曝光参数含义如下：

首层曝光时间：打印首层时曝光所用时间，首层数量由首层曝光层数设定，曝光时间设置越长，模型贴合越牢固，耗时越长。

首层曝光层数：需要设定首层曝光时间的层数，层数越大，贴合越牢固，耗时越长。

曝光时间：非首层的其他层数曝光所用时间。

选择U盘图标，系统将打印文件保存至U盘中，保存成功后会有"下载成功"提示，如图7-34所示。

为保证打印时模型可靠贴合在底板上，本案例模型首层曝光时间设为"70"，首层曝光层数设为"7"，曝光时间设为"7"。

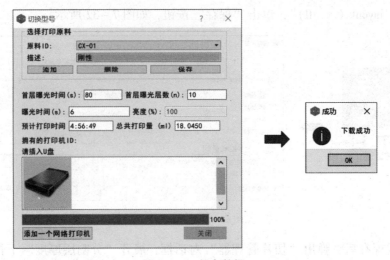

图7-34 保存数据

三、模型3D打印

步骤1：装载耗材

将光敏树脂导入料槽中，高度不能超过最高限位。

步骤2：打印模型

在控制面板上选择"打印"命令，界面切换到U盘文件夹。利用上、下翻页键浏览并找到模型名字，选择该文件后，切换到打印界面，选择"打印"图标，设备开始制作，如图7-35所示。

图7-35 打印文件

步骤3：模型处理

模型打印完毕后，用铲子将模型从平台上铲下来。用尖嘴钳去除模型支撑和毛刺，然后用打磨工具将模型表面毛刺等瑕疵打磨光滑，如图7-36所示。

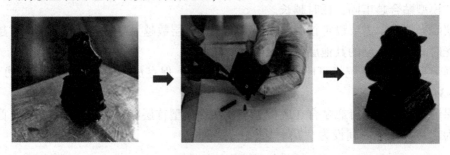

图7-36 模型处理

任务评价

评价项目	分　值	得　分
模型诊断与修复	20 分	
模型切片处理	30 分	
3D 打印机操作	30 分	
模型后处理	20 分	

课后思考

用光固化方式打印模型时，支撑参数如何设置？

拓展任务

对图 7 - 37 所示动漫模型进行光固化打印。(原始数据见资源包)

图 7 - 37　拓展任务模型

第三篇

大赛题解

大赛题解

任务一　新职业和数字技术技能大赛增材制造设备操作员河北省选拔赛题解

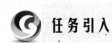 **任务引入**

本次任务是对全国新职业和数字技术技能大赛增材制造设备操作员河北省选拔赛题逆向设计模块进行解读。

新职业和数字技能大赛增材制造设备操作员河北省选拔赛

 任务分析

本赛题任务主要有：

（1）端盖点云数据处理；

（2）端盖逆向设计；

（3）端盖 3D 打印。

 任务实施

一、点云数据处理

步骤 1：导入点云数据

启动 Geomagic Wrap 软件，使用"导入"命令，将"端盖 . asc"点云数据导入软件，如图 8 - 1 所示。单击"点"菜单下的"着色"图标，对点云进行着色。

步骤 2：删除非连接项和体外孤点

单击"点"→"修补"→"选择"按钮下面的小三角，依次单击"非连接项"和"体外孤点"选项，初步将点云中的杂点去除，具体操作可参考第一篇项目三内容。

图 8 - 1　点云数据导入

步骤3：手动删除多余点云

单击菜单栏中的"选择"→"选择工具"→"套索"命令，选择模型主体以外部分的多余点云，并单击"删除"按钮或者键盘上的"Delete"键。

步骤4：减少噪音

单击"点"→"修补"→"减少噪音"命令，在弹出的对话框中，选择"棱柱形（积极）"选项，"平滑度水平"设置到中间，"迭代"设置为"3"，其他为默认，单击"应用"按钮，再单击"确定"按钮，退出对话框，如图8-2所示。

步骤5：采样

单击"点"→"采样"→"统一"命令，在弹出的"统一采样"对话框中，选择"绝对"选项，定义间距为"0.05 mm"，勾选"保持边界"选项，单击"应用"按钮，进行采样，然后单击"确定"按钮，退出对话框，如图8-3所示。

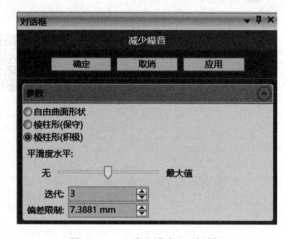

图8-2 "减少噪音"对话框

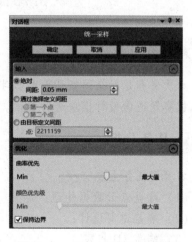

图8-3 "统一采样"对话框

步骤6：封装

单击"点"→"封装"命令，弹出如图8-4所示"封装"对话框，取消勾选"最大三角形数"选项，其余采用默认的设置。封装之后点云数据就按照所设定的参数转化为多边形模型。

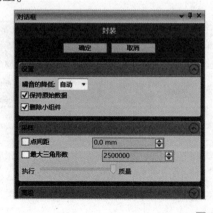

图8-4 封装

二、多边形阶段数据处理

步骤1：网格医生

单击"多边形"→"修补"→"网格医生"，系统弹出"网格医生"对话框，如图8-5所示，单击"应用"按钮，系统对存在的问题进行自动修复，修复完毕后单击"确定"按钮，退出对话框。

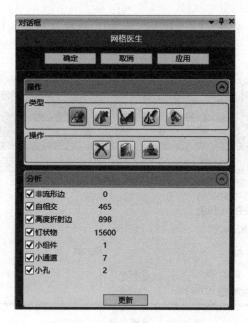

图8-5 "网格医生"对话框

步骤2：开流形

单击"多边形"→"修补"→"流形"→"开流形"命令，从开放的对象中删除非流形的三角形。

步骤3：填充孔

单击"多边形"→"填充孔"→"填充单个孔"命令，根据具体孔的情况进行填充，后边复选框选择"平面""内部孔"进行填充，填充后的效果如图8-6所示。

图8-6 填孔

步骤4：砂纸打磨和去除特征

对模型的异常表面，可以执行"砂纸"和"去除特征"命令，进行表面光滑处理。

步骤5：减少噪音

单击"多边形"→"平滑"→"减少噪音"命令，弹出"减少噪音"对话框，参数按图8-7进行设置，单击"应用"按钮，再单击"确定"按钮。

步骤6：松弛多边形

单击"多边形"→"平滑"→"松弛"按钮，调整三角形的抗皱夹角，使三角形更加光滑和平坦。

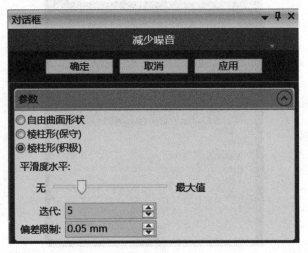

图8-7　"减少噪音"对话框

步骤7：网格医生

单击"多边形"→"修补"→"网格医生"命令，再次进行诊断和修复，如图8-8所示。

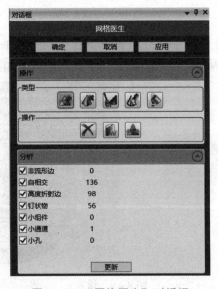

图8-8　"网格医生"对话框

步骤 8：导出模型

在"模型管理器"中鼠标右键单击 stl 模型，选择"保存"命令，在弹出的对话框中，选择保存路径，设置名称，选择保存类型为"STL（binary）文件 * . stl"，最后单击"保存"按钮确认，完成模型导出任务，如图 8 – 9 所示。

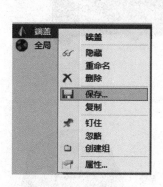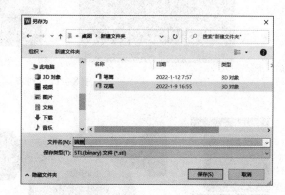

图 8 – 9　导出模型

三、逆向建模

步骤 1：导入模型

打开 Geomagic Design X 软件，单击"导入"命令，将"端盖"模型导入软件。

步骤 2：划分领域

选择"领域"→"自动分割"命令，弹出"自动分割"对话框，"敏感度"设为"40"，其他默认，单击"√"按钮进行领域划分，如图 8 – 10 所示。

图 8 – 10　划分领域

步骤 3：对齐

选择"对齐"→"对齐向导"命令，弹出"对齐向导"对话框，在对话框中单击 ➡ 图标，在模型上选择合适的坐标系后，单击"√"按钮确定，如图 8 – 11 所示。

步骤 4：模型主体建模

选择"模型"→"回转精灵"命令，弹出"回转精灵"对话框，鼠标左键选择模型主体相关领域，单击"√"按钮确定，如图 8 – 12 所示。

图 8 - 11　对齐

图 8 - 12　主体建模

步骤 5：管道建模

重复步骤 4，完成进水和排水管道建模，如图 8 - 13 所示。

图 8 - 13　管道建模

步骤 6：管道切割

选择"模型"→"曲面偏移"命令，弹出"曲面偏移"对话框，选择图 8 - 14 所示两个面，偏移距离设为"0"，单击"√"按钮确定。

选择"模型"→"切割"命令，弹出"切割"对话框，工具要素为上一步偏移的曲面，对象体选择左侧管道，在对话框中单击 ➡ 图标，在模型上选择需要保留的部分，单击"√"按钮确定，如图 8 - 15 所示。

使用相同的方法对右侧管道进行切割，效果如图 8 - 16 所示。

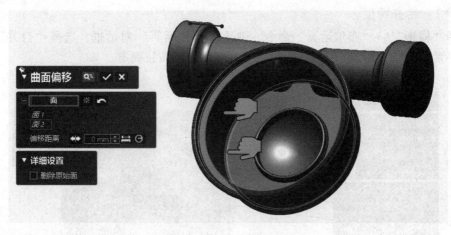

图 8-14　曲面偏移

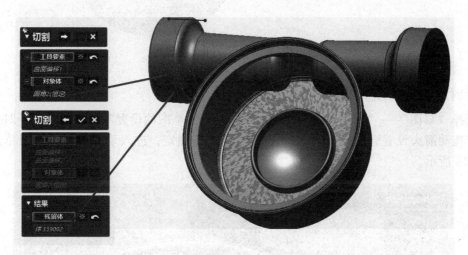

图 8-15　切割

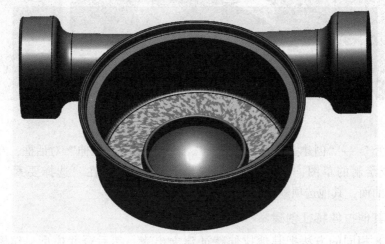

图 8-16　切割后效果

步骤7：合并特征

选择"模型"→"布尔运算"命令，弹出"布尔运算"对话框，选择"合并"选项，在工具要素中选择图8－17所示三个特征，单击"√"按钮确定。

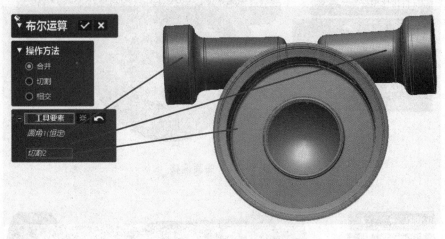

图8－17　布尔运算

步骤8：拉伸特征

选择"草图"→"面片草图"命令，弹出"面片草图的设置"对话框，选择对应平面领域，拖动箭头设置合适的高度，单击"√"按钮确定，进入草图界面，绘制草图，如图8－18所示。

图8－18　草图绘制

选择"模型"→"创建实体"→"拉伸"命令，弹出"拉伸"对话框，在"轮廓"选项中单击上步绘制的草图，"方法"中选择"到曲面"，在"选择要素"选项下选择图8－19所示曲面，其他选项默认，单击"√"按钮确定。

步骤9：其他拉伸特征创建

用与步骤8相同的方法把其他拉伸特征建立出来，然后合并模型，建模完毕效果如图8－20所示。

图 8-19 拉伸凸台

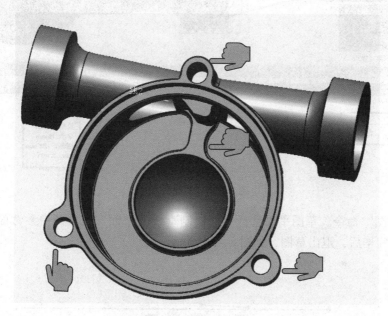

图 8-20 其他拉伸

步骤 10：螺纹创建

选择"草图"命令，基准平面选择螺纹过圆柱中心轴平面进入草图环境，绘制直线，直线长度大于螺纹长度，直线与螺纹中心线距离等于螺纹外径，如图 8-21 所示，绘制完毕后退出草图。

 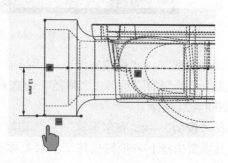

图 8-21 创建螺纹

选择"菜单"→"插入"→"建模型特"→"螺旋体曲线"命令，弹出"螺旋体曲线"对话框，在"轴"选项中选择螺纹中心线，"开始"选项中选择刚才绘制的直线端点，勾选"顺时针"选项。在"轮廓视图"中，设置螺纹参数，参数设置完毕后，单击"√"按钮确定，如图8-22所示。

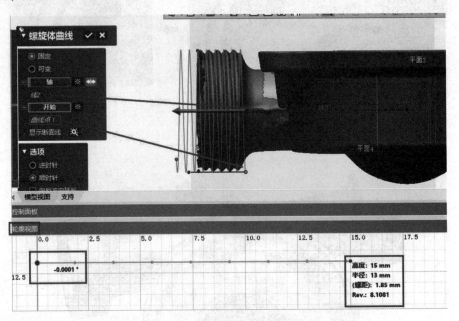

图8-22 螺距调整

选择"草图"命令，草图平面选择上面绘制直线的平面，在草图中参考面片文件绘制三角形，绘制完毕后，退出草图，如图8-23所示。

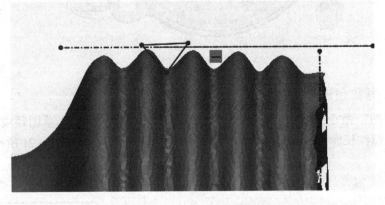

图8-23 绘制螺纹截面

选择"模型"→"创建实体"→"扫描"命令，弹出"扫描"对话框，在"轮廓"选项中单击上步绘制的三角形，"路径"中选择螺旋线，其他选项默认，单击"√"按钮确定，如图8-24所示。

选择"模型"→"布尔运算"→"切割"命令，"操作方法"选项中选择"切割"命令，工具要素选择上一步扫描特征，对象体选择模型，单击"√"按钮确定，如图8-25所示。

用同样的操作建立另一个螺纹特征，如图8-26所示。

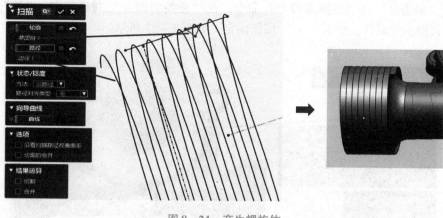

图8-24 产生螺旋体

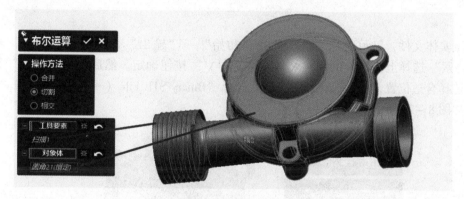

图8-25 切割螺纹

图8-26 螺纹生成效果

步骤11：导出多边形文件

选择"多边形"→"变换为面片"命令，在"变换为面片"对话框中，"体"选择模型实体，其他参数默认，单击"√"按钮确定，如图8-27所示。

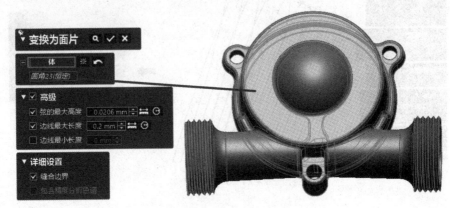

图8-27　生成多边形

隐藏实体文件，显示面片文件，选择"初始"→"输出"命令，在"输出"对话框中，"要素"选择上步转换的面片文件，单击"√"按钮确定。然后弹出"输出"路径对话框，选择合适位置，输入保存名称，格式选择"Binary STL File（*.stl）"，单击"保存"按钮，如图8-28所示。

图8-28　输出 stl 文件

四、模型 3D 打印

步骤 1：打开切片软件

双击 Materialise Magics 21.0 快捷方式，打开软件，如图 8 – 29 所示。

步骤 2：加载平台

选择"加工准备"→"新平台"命令，弹出"选择机器"对话框，在"选择机器"下拉列表中选择对应平台，其他参数默认，单击"确认"按钮，如图 8 – 30 所示。

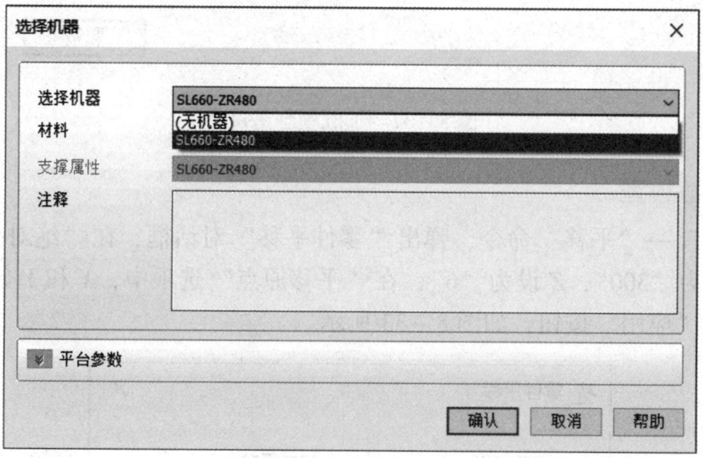

图 8 – 29 快捷方式

图 8 – 30 加载平台

步骤 3：加载模型一

选择"文件"→"加载"→"导入零件"命令，在弹出的"加载新零件"对话框中，选择零件所在文件夹，单击"开启"按钮将零件加载至平台，如图 8 – 31 所示。

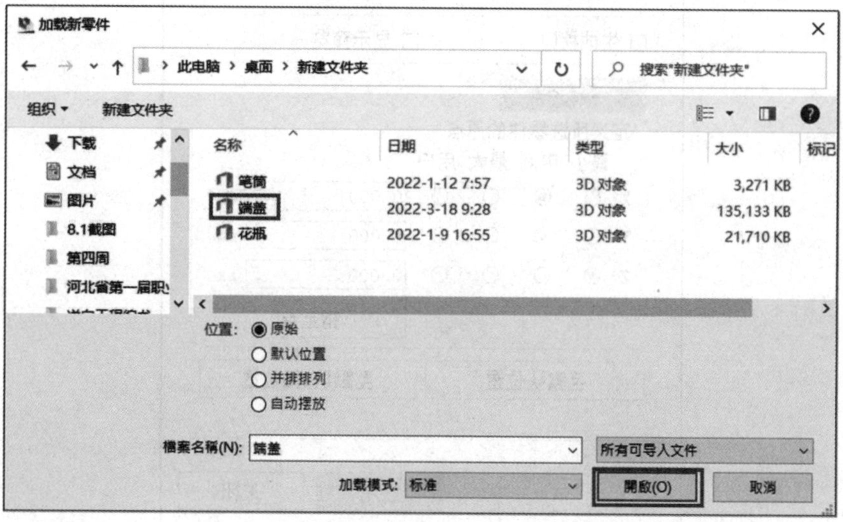

图 8 – 31 加载模型

步骤4：加载模型二

选择"修复"→"自动修复"命令，系统自动对导入模型进行诊断和修复，并弹出"处理进度"提示框，模型修复完毕后该提示框自动消失，如图8-32所示。

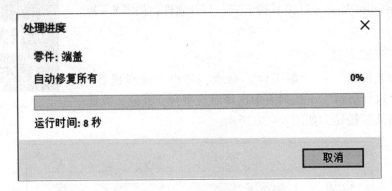

图8-32　加载模型进度

步骤5：摆放模型

选择"位置"→"平移"命令，弹出"零件平移"对话框，在"绝对坐标"中将 X 设为"300"，Y 设为"300"，Z 设为"6"，在"平移原点"选项中，X 和 Y 分别选择中间，Z 选择最小，单击"应用"按钮，如图8-33所示。

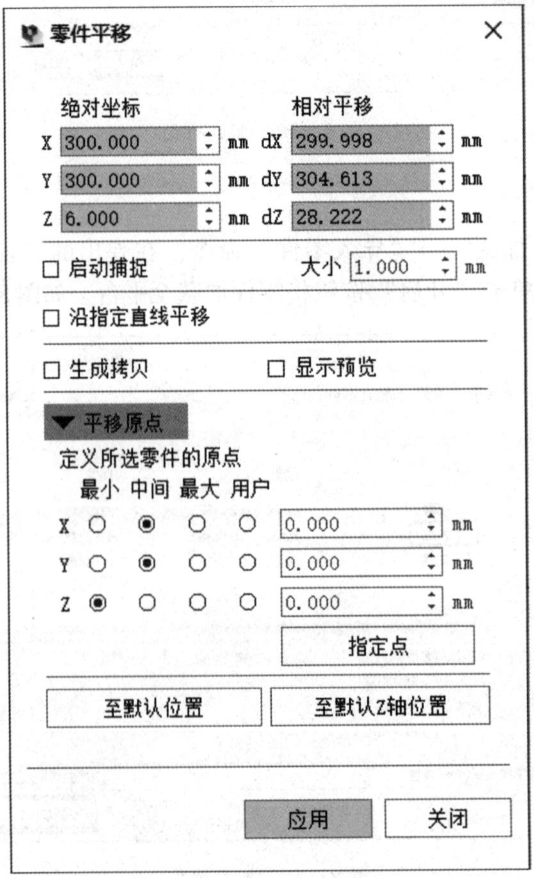

图8-33　平移参数

选择"位置"→"底/顶平面"命令，弹出"底/顶平面"对话示框，单击"指定面"选项，选择要作为底面的模型表面，单击"确认"按钮，如图8-34所示。

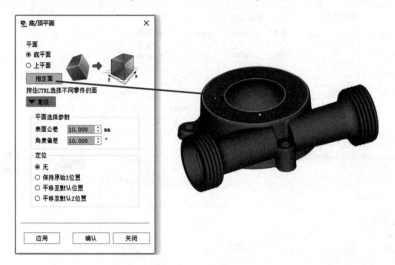

图8-34　设置底面

步骤6：生成支撑

选择"生成支撑"→"生成支撑"命令，软件开始生成支撑并弹出"进度处理"提示框，支撑创建完毕后该提示框消失，单击"退出SG"按钮，如图8-35所示。

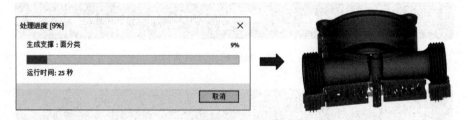

图8-35　生成支撑

步骤7：模型切片

选择"切片"→"切片所有"命令，弹出"切片属性"对话框，相关参数设置如图8-36所示，切片文件夹根据需要进行设置，切片格式和支撑格式均选择"SLC"，单击"确定"按钮保存切片文件，文件包括模型切片和支撑切片两部分，将两个文件另存至U盘。

步骤8：模型打印

文件保存至U盘后，将U盘插入3D打印机接口。在打印机操作界面选择"打开"命令，索引文件位置，打开SLC文件，双击打开或单击右下方"open"按钮打开，如图8-37所示。

导入文件后，模型摆放位置为默认原摆放位置，如要更改摆放位置，需要单击"解锁"按钮，对模型进行拖动摆放，选中模型，当模型图标变成黄色时进行拖动，或者单击"自动布局"进行自动摆放，如图8-38所示。

摆放完成后，单击左上角"开始打印"按键，单击开始打印会进行激光功率检查，完成探测后会直接开始打印，如图8-39所示。

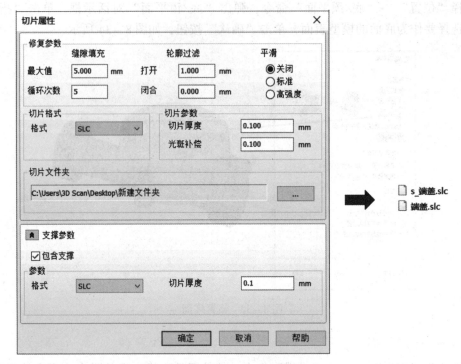

图 8–36　切片设置

图 8–37　打印机中加载文件

图 8–38　摆放模型位置

图 8–39　激光功率检查

打印完成后，工作平台稍等片刻后（默认为 10 min），工作平台自动升起，将打印完成的零件取下进行后处理操作。

步骤 9：移除工件

零件打印完成后工作平台自动上升，请戴好塑胶手套并使用铲刀将打印平台上的工件取出放入料盘中。取出时，请用左手扶稳工件，右手拿铲刀慢慢从工件底部铲下，铲刀尽量与网板平行，用力平缓，防止铲坏工件以及树脂飞溅。

步骤 10：清理刮刀及工作平台

将工件取出后，观察平台以及刮刀上是否有残余的支撑碎物，若有残余支撑碎物，应用小铲刀将网板上和刮刀上的残留支撑及时清理干净，保证工作平台及刮刀上无固体残留，以免影响下次打印成型。

步骤 11：清洗零件

将打印完成的零件放入浓度高于 99% 的无水乙醇中进行清洗（请勿使用医用酒精或食用酒精等里面含有水分的材料），将产品在酒精中浸泡几分钟后，去除工件上的支撑，遇到较硬的支撑时再次放入酒精中浸泡 10 ~ 15 min 后去除。使用软毛刷去除黏附在零件上的树脂，清洗干净后可用压缩空气进一步净化零件表面。请避免长时间将零件浸泡在无水乙醇中，否则会破坏零件。

步骤 12：紫外光后固化处理

将工件清洗干净，彻底风干并检查没有液体材料残留后，放入 UV 固化箱中进行二次固化，根据光敏树脂材料特性与零件大小，一般固化时间为 25 ~ 35 min。

任务评价

评价项目	分　值	得　分
点云数据处理	10 分	
完成自动领域划分	5 分	
完成领域合并与分割	5 分	
完成零件坐标系的建立	10 分	
完成模型主体创建	20 分	
完成管道的创建	20 分	
完成其他细节的创建	20 分	
完成模型打印	10 分	

课后思考

模型逆向和打印时有哪些注意事项？

拓展任务

完成端盖模型逆向设计及打印。

任务二　全国职业技能大赛"创想杯"3D打印造型技术赛题解读

全国职业技能大赛"创想杯"3D打印造型技术赛题解读

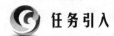 **任务引入**

任务名称：手摇碎纸机数字化设计与成型阶段。

已知一张 A4 纸尺寸为长 297 mm，宽 210 mm，请设计手摇碎纸机。手摇碎纸机必须设计"转动手柄"，且需以旋转"转动手柄"作为动力来源完成碎纸过程；传动装置必须设计一级齿轮传动；碎纸尺寸长度不可大于 10 mm，宽度不可大于 5 mm；手摇碎纸机需要双手操作，一只手旋转"转动手柄"，另一只手送纸；手摇碎纸机需设计碎纸收纳装置，碎纸需落到收纳装置内；手摇碎纸机进纸只能沿 A4 纸宽度方向或者长度方向进纸，A4 纸不可折叠或者卷曲。手摇碎纸机整体尺寸、传动装置、碎纸装置、收纳装置根据上述设计要求自定。

 任务分析

一、产品内部运动机构要求

根据已知条件及设计要求，完成手摇碎纸机内部运动机构设计，具体要求如下：

1. 不能改变旋转"转动手柄"作为动力来源的要求；
2. 传动装置必须设计一级齿轮传动；
3. 碎纸尺寸长度不可大于 10 mm，宽度不可大于 5 mm；
4. 双手操作，一只手旋转"转动手柄"，另一只手送纸；
5. 手摇碎纸机进纸只能沿 A4 纸宽度方向或者长度方向，A4 纸不可折叠或者卷曲。
6. 体现一体化结构设计理念，例如至少两个零件组合后一体化设计，零件间可以相互运动。

二、产品外观造型要求

请根据产品内部运动机构，进行手摇碎纸机外观造型设计。具体要求如下：

1. 外观造型美观，符合人机工程学，方便使用者使用产品；
2. 方便一只手送纸；
3. 手摇碎纸机需设计碎纸收纳装置，碎纸需落到收纳装置内；
4. 外观设计要方便"任务二"已完成的内部运动机构的装配；
5. 外观设计不可妨碍"转动手柄"转动；
6. 外观整体结构稳固。

三、产品运动仿真设计要求

根据已经完成的三维模型，进行产品运动仿真设计。具体要求如下：

1. 产品模型零件装配完整；
2. 装配关系正确；
3. 约束关系正确；

4. 完成一个周期运动动画；

5. 输出 "avi" 格式动画。

四、产品3D打印与后处理要求

根据完成的数字模型，结合赛场提供的3D打印成型设备、配套的设备操作软件、加工耗材等条件，进行产品3D打印成型加工。

向3D打印成型设备输入数据模型，选设加工参数，按照要求进行3D打印成型加工，体现一体化结构打印，例如至少两个零件组合后一体化打印，零件间可以相互运动。

对3D打印完成的制件进行基本的后处理：打磨、拼接、修补等。剥离支撑材料，对产品各零件进行表面打磨。产品装配，零件之间不准黏结。

🎯 学习目标

知识目标：

1. 掌握机械传动和运动基本知识；

2. 掌握产品设计流程；

3. 掌握制图标准；

4. 熟悉产品优化设计方法。

技能目标：

1. 具备合理设计机械传动的能力；

2. 具备增材制造操作员的技术能力。

素养目标：

1. 培养学生分析问题、解决问题的能力；

2. 培养学生创新和团队合作精神。

⚙ 知识链接

在增材制造中，一体化设计是未来的一个趋势，它是指一个产品由多个零部件组成，但是在制造时当成一个零件来进行制作，通过一次制造即可完成所有零部件，节省了装配环节，提高了制造效率，目前在很多产品和技能大赛中得到推广。

✎ 任务实施

一、产品内部运动机构

步骤1：内部结构总体规划

基于 UG NX 软件建立模块，完成碎纸机内部结构设计。零件设计后进行装配，如图 8-40 所示，该结构包含两根刀杆，后刀杆上分别安装手柄、主动齿轮和刀片，前刀杆上安装从动齿轮和刀片，另外两刀杆上安装卡销、轴承等附件。该结构以手柄旋转作为动力源，驱动后刀杆上部件旋转，主动齿轮驱动从动齿轮旋转，带动前刀杆上部件旋转。主动齿轮和从动齿轮规格相同，两刀杆同步运行，方向相反，由刀片切削运动完成碎纸功能。

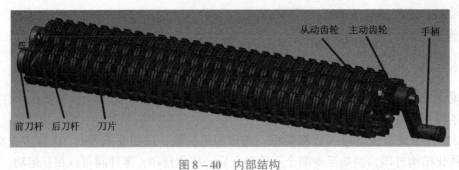

图 8 - 40　内部结构

步骤 2：手柄设计

手柄采用 Z 字形设计，方便设计与制作。手柄采用一体化设计理念，由手柄摇把和转套两个零件组成，后期可一次性 3D 打印成型，并能够保持相对转动，如图 8 - 41 所示。

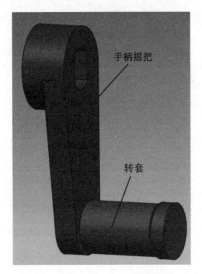 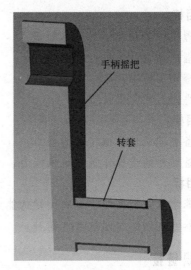

图 8 - 41　手动删除点云

步骤 3：齿轮设计

齿轮采用渐开线式齿轮，保证运行平稳性和传动准确性。两齿轮规格相同，模数为 3 mm，齿数为 12。中间采用类矩形形状，便于和刀杆进行安装，如图 8 - 42 所示。

图 8 - 42　齿轮

步骤4：刀片设计

刀片设计理念来源于直齿圆柱铣刀，通过刀片圆周上刀刃和端面实现碎纸功能，刀片厚度为5 mm，合理设计圆周上刀刃数量，保证碎纸尺寸长度不大于10 mm，宽度不大于5 mm，刀片中间采用等六边形孔，方便与刀杆安装，如图8-43所示。

图8-43 刀片

二、产品外观造型设计

步骤1：碎纸机外部总体结构

碎纸机外部结构主要用于安装内部运动部件，以及方便使用和收集碎纸。主要部件包括外壳和收集盒两个零件，如图8-44所示。

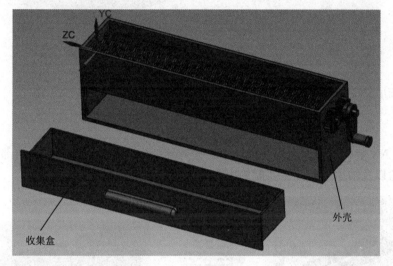

图8-44 外观结构

步骤2：外壳设计

外壳整体为方形结构，壁厚为4 mm，保证结构强度，外壳顶部无材质，便于进纸，外壳左、右面开孔，以便安装内部部件，外壳前面为收集盒预留安装空间，如图8-45所示。

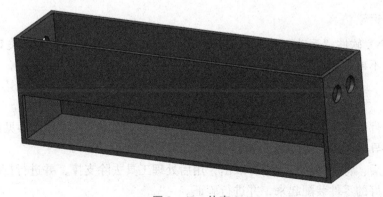

图8-45 外壳

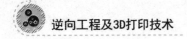

步骤3：收集盒

收集盒形状类似抽屉，壁厚2 mm，安装于外壳中，收集盒设计有把手，方便抽出，如图8-46所示。

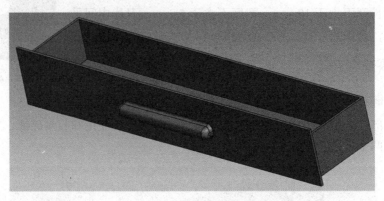

图8-46　收集盒

三、产品运动仿真设计

步骤1：碎纸机装配

基于UG NX装配模块，运用装配约束，进行碎纸机装配。碎纸机包含内部结构子装配、外壳、收集盒以及轴承等部件，装配约束和完成装配效果如图8-47所示。

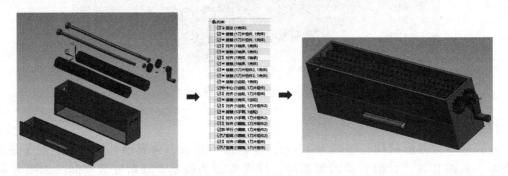

图8-47　碎纸机装配

步骤2：运动仿真

基于UG NX软件"运动"模块，完成运动仿真分析，具体操作参考相关UG NX运动仿真资料，本节不再讲解。

四、产品3D打印与后处理

碎纸机零件可基于Creality Slicer、CURA等软件进行切片，具体操作参见前面章节，然后将切片文件导入3D打印机进行打印。

打印结束后，将模型从打印平台取出，用后处理工具去除支撑，并进行打磨，保证模型性能。将打印好的零件装配起来，并进行验证。

任务评价

评价项目	分 值	得 分
产品内部运动机构	20 分	
产品外观造型设计	20 分	
产品运动仿真设计	20 分	
产品 3D 打印与后处理	40 分	

课后思考

一体化设计有哪些注意事项？

拓展任务

设计一款家用手摇黄瓜切片机。

参 考 文 献

[1] 陈雪芳, 孙春华. 逆向工程与快速成型技术应用 [M]. 北京：机械工业出版社, 2021.

[2] 成思源, 杨雪荣, 等. 逆向工程技术 [M]. 北京：机械工业出版社, 2020.

[3] 辛志杰. 逆向设计与 3D 打印实用技术 [M]. 北京：化学工业出版社, 2019.

[4] 胡丽华, 王涛, 任少蒙. 基于 Geomagic studio 的汽车零件的逆向建模技术及误差检测分析与研究 [J]. 科技创新与应用, 2020 (31)：34 – 35.

[5] 胡丽华, 王涛, 任少蒙, 等. 基于 Geomagic studio 的产品逆向建模与 3D 打印技术研究 [J]. 黑龙江科学, 2020, 11 (20)：34 – 37.

[6] 王雅为. 基于 Geomagic 的零件型面精度检测及分析 [D]. 哈尔滨：哈尔滨理工大学, 2017.

[7] 邵毅翔. 基于逆向工程及 3D 打印技术的误差分析应用研究 [D]. 上海：华东理工大学, 2016.

[8] 宋闯. 3D 打印建模打印上色实现与技巧 [M]. 北京：机械工业出版社, 2019.

[9] 陈启成, 孙春华. 3D 打印建模 – MoI3D 设计基础与实践 [M]. 北京：机械工业出版社, 2018.

[10] 杨占尧, 赵敬云, 崔风华. 增材制造与 3D 打印技术及应用 [M]. 北京：清华大学出版社, 2021.

[11] 陈继民. 3D 打印技术概述 [M]. 北京：化学工业出版社, 2020.

[12] 胡宗政, 王方平. 三维数字化设计与 3D 打印 [M]. 北京：机械工业出版社, 2020.

[13] 刘然慧, 刘纪敏. 3D 打印——Geomagic Design X 逆向建模设计实用教程 [M]. 北京：化学工业出版社, 2017.

[14] 辛志杰, 陈振亚. 3D 打印成型综合技术与实例 [M]. 北京：化学工业出版社, 2021.